室内设计手册

材料

选购与应用

INTERIOR
DESIGN MANUAL

赵利平 编著

江苏凤凰科学技术出版社

图书在版编目（CIP）数据

材料选购与应用 / 赵利平编著. —南京 ：江苏凤凰科学技术出版社，2017.10

　（室内设计手册）

　ISBN 978-7-5537-6361-3

Ⅰ．①材… Ⅱ．①赵… Ⅲ．①建筑材料－基本知识
Ⅳ.①TU5

中国版本图书馆CIP数据核字(2017)第227575号

室内设计手册

材料选购与应用

编　　　著	赵利平
项 目 策 划	凤凰空间 / 陈丽新
责 任 编 辑	刘屹立　赵 研
特 约 编 辑	陈丽新

出 版 发 行	江苏凤凰科学技术出版社
出 版 社 地 址	南京市湖南路1号，邮编：210009
出 版 社 网 址	http：//www.pspress.cn
总 经 销	天津凤凰空间文化传媒有限公司
总经销网址	http：//www.ifengspace.cn
印　　　刷	北京汇瑞嘉合文化发展有限公司

开　　　本	889 mm×1194 mm　1 / 16
印　　　张	17
字　　　数	218 000
版　　　次	2017年10月第1版
印　　　次	2024年10月第2次印刷

标 准 书 号	ISBN 978-7-5537-6361-3
定　　　价	288.00元

PREFACE 前言

　　大部分人在装修认识上存在不少误区，其中最为普遍的是，材料越贵越好，装修公司越有名越好，以为只要采用昂贵材料、聘用高级设计师，就能保证最后的装修效果。最后导致不停地奔走、花钱如流水，还要忍受买错、买贵建材所受的打击。但即使付出如此的代价，入住后又会出现很多问题，真可谓"花钱费力买罪受"。与其什么都不懂地把装修全权委托给他人，倒不如提前了解家庭装修的专业施工知识以及如何使用每种装修材料，让自己成为"半个专家"。

　　本书作为一本图鉴式的建材超百科全书，张张建材真实图例搭配文字解说，直观展示建材如何搭配、材料如何选购、如何正确施工。了解建材特性不稀奇，教会使用才是王道！

　　本书的特点是深入浅出地介绍家装中的基础建材和紧随潮流的新型建材。与许多华而不实的材料书不同，本书非常具有实用性。无论是建材类别、市场价位，还是施工手法、选购常识、搭配技巧都有介绍，同时以专业的角度剖析各种建材的购买时间。有了这样一本书，让读者彻底明白该如何聪明挑、安心选、省时买、巧妙搭，找到超值又有保障的建材。因此，本书无论作为自己动手装修、材料入门用书，还是监工手册，都很实用。

　　本书所提供的材料价格是调研了北京、上海、广州三地的部分建材市场所得出的综合单价，仅供购买建材时借鉴参考。

CONTENTS 目录

第三章　顶面材料汇总

第四章　厨卫设备汇总

第五章　门窗五金汇总

第 一 章

墙面材料汇总

第 一 节

砖 石

　　墙面砖是用于洗手间、厨房、客餐厅、卧室等空间的立面装饰。贴墙砖不仅是保护墙面免遭水溅的有效途径，同时也是打造个性背景墙的装饰元素。

大理石
耐腐蚀，耐高温，易维护

材料速查：

① 大理石具有花纹品种繁多、色泽鲜艳、石质细腻、吸水率低、耐磨性好的优点。

② 大理石属于天然石材，容易吃色，若保养不当，易有吐黄、白华等现象。

③ 大理石具有很特别的纹理，在营造效果方面作用突出，特别适合现代风格、新中式风格和欧式风格。

④ 大理石多用在居家空间，如墙面、吧台、洗漱台面及造型面等；因为大理石的表面比较光滑，不建议大面积用于卫浴地面，容易让人摔倒。

⑤ 大理石的价格依种类不同而略有差异，一般为 150~500 元/m²，品相好的大理石可以令家居变身为豪宅。

材料大比拼

种类	特点	价格
金线米黄	底色为米黄色，带有自然的金线纹路，装饰效果出众，耐久性差些，做地面时间长了容易变色，建议用作墙面，施工宜用白水泥	140 元/m²
黑白根	黑色致密结构大理石，带有白色筋络，光度好，耐久性、抗冻性、耐磨性、硬度在质量指标上达国际标准，墙面、地面、台面均可使用	150 元/m²
啡网纹	分为深色、浅色、金色等几种，纹理强烈、明显，具有复古感，价格比较贵，多产于土耳其。可用于门套、墙面、地面、台面的装饰	220 元/m²
紫罗红	花纹明显，大片紫红色块之间夹杂着纯白、翠绿的线条，形似国画中的梅枝招展，装饰效果高雅、气派。不管做门套、窗套、地面、梯步都是理想的选择	400 元/m²

续表

种 类	特 点	价 格
爵士白	颜色肃静，纹理独特，更有特殊的山水纹路，有着良好的装饰性能，具有良好的加工性、隔声性和隔热性。可用作墙面、地面、门套、台面等	200 元 / m²
黑金花	深咖色底带有金色花朵，有较高的抗压强度和良好的物理性能，易加工，进口板优于国产板。主要应用于室内墙面、地门套、壁炉等装饰	200 元 / m²
大花绿	板面呈深绿色，有白色条纹，组织细密、坚实，耐风化，色彩对比鲜明，进口板优于国内板，但国内进口板较少。可用作墙面、地面、台面等	300 元 / m²
蒂诺米黄	带有明显层理纹，底色为褐黄色，色彩柔和、温润。表面层次强烈，纹理自然流畅，风格淡雅。不适合用在卫浴间，可用于墙面、地面、台面及门窗套等	400 元 / m²
莎安娜米黄	底纹为米黄色，有白花，光度好，难以胶补，最怕裂纹；不含辐射，色泽艳丽、色彩丰富；具有优良的加工性能，耐磨性能良好，不易老化，其使用寿命一般在 50～80 年。可用于地面、墙面	280 元 / m²
银白龙	黑白分明，形态优美，高雅华贵，花纹具有层次感和艺术感，有极高的欣赏价值，原产地为广西。可用于墙面、地面、台面及门窗套等	400 元 / m²
波斯灰	色调柔和雅致、华贵大方，极具古典美与皇室风范，抛光后晶莹剔透，石肌纹理流畅自然，其结构色彩丰富，色泽清润细腻	400 元 / m²

选购**小常识**

1. 看光泽度　优质大理石的抛光面应具有镜面一样的光泽，能清晰地映出景物。

2. 看花纹　大理石最吸引人的是其花纹，选购时要考虑纹路的整体性，纹路颗粒越细致，代表品质越佳。

3. 听声音　用硬币敲击大理石，声音较清脆的表示硬度高，内部密度也高，抗磨性较好；若是声音沉闷，就表示硬度低或内部有裂痕，品质较差。

4. 分批检测　同一品种的大理石因其矿点、矿层、产地的不同，其放射性存在很大差异，所以在选择或使用石材时不能只看一份检验报告，尤其是工程上大批量使用时，应分批或分阶段多次检测。

施工小贴士

CONSTRUCTION TIPS

大理石在安装前的防护十分必要，一般可分为三种方式：6 个面都浸泡防护药水，这样做的价格较高，130~150 元 /m²；处理 5 个面，底层不处理，价格为 80~ 100 元 / m²；只处理表面，价格为 60~ 80元 / m²，但防护效果较差。可根据经济情况及计划使用的时间长短来选择具体的防护方式。

材料**搭配秘诀**
—— material collocational tips ——

无色系大理石为现代风格增添时尚感

无色系大理石表面光滑、纹理自然，可以轻易地凸显出现代风格个性、时尚的特点，其光亮的视觉效果亦令空间更加明亮。

▼ 白色系和黑色系结合的大理石墙面，令现代风格更显时尚

大理石纹路自然，令新中式风格更具韵味

新中式风格常用石材代替木材，来弱化传统中式的沉闷感，使新中式风格与古典中式风格得到有效的区分。同时大理石天然的纹路可以形成一幅天然的水墨山水画，令新中式风格更具韵味。

▲ 带有自然纹路的大理石与浅色木打造的背景墙既具有历史的古韵，又彰显时代的特征

Designer 微课堂
设计师

陈秋成
苏州周晓安空间装饰设计
有限公司设计师

白色系大理石大面积铺设提升空间气质

一般设计中白色系大理石，都会在空间中大面积铺设，或者是墙面，或者是地面。因白色系大理石纹理浅淡，只有大面积的铺设，才可以展现出色彩与纹理的美感，从而很好地提升空间的设计气质与空间主人的审美品位。

米色系大理石彰显欧式风格的奢华大气

欧式风格经常会用到明黄、金色等色彩来渲染空间氛围，米黄色系大理石以其如同镜面的光泽和清晰的纹路，把欧式风格富丽堂皇的华贵气息表现得淋漓尽致。

▲ 挑空的欧式风格客厅将大理石和壁纸相结合，衬托出空间的奢华气质

人造石材
易清洁，好保养

材料速查：

① 人造石材功能多样、颜色丰富、造型百变，应用范围广泛；没有天然石材表层的细微小孔，因此不易残留灰尘。

② 人造石材由于为人工制造，因此纹路不如天然石材自然，不适合用于户外，易褪色，表层易腐蚀。

③ 人造石材常常被用于台面装饰，但由于人造石材的硬度比大理石略硬，容易做造型，不易吸附脏物，因此也很适合用于墙面装饰。

④ 人造石材的价格依种类不同而略有差异，一般为 200~500 元 /m²。

材料大比拼

种　类		特　点	价　格
极细颗粒		没有明显的纹路，但石材中的颗粒感极细，装饰效果非常美观，可用作墙面、窗台及家具台面或地面的装饰	350 元 / m²
较细颗粒		颗粒比极细粗一些，有的带有仿石材的精美花纹，可用作墙面或地面的装饰	300 元 / m²
适中颗粒		比较常见，价格适中，颗粒大小适中，应用比较广泛。可用作墙面、窗台及家具台面或地面的装饰	270 元 / m²
有天然物质		含有石子、贝壳等天然的物质，产量比较少，具有独特的装饰效果，价格比其他品种要贵。可用作墙面、窗台及家具台面的装饰	450 元 / m²

选购**小常识**

1. 看外表　看样品颜色是否清纯不混浊，通透性好，表面无类似塑料的胶质感，板材反面无细小气孔。

2. 看材质　通常纯亚克力的人造石材性能更佳，纯亚克力人造石材在 120 ℃左右可以热弯变形而不会破裂。

3. 测手感　手摸人造石材样品表面有丝绸感、无涩感，无明显高低不平感。用指甲划人造石材的表面，应无明显划痕。

材料**搭配秘诀**
—◆— material collocational tips —

人造大理石打造个性化墙面

人造大理石纹理与天然石材相近，但表面细致，不易吸附脏物，具有丰富的表现力和塑造力，提供给设计师源源不断的灵感。无论是凝重沉稳的朴素风格，还是简洁的时尚现代风格，健康环保的人造大理石，都有它的独到之处。

CONSTRUCTION TIPS

① 在施工前，要重视基底，这一环节关系到安装后的质量，基底层应结实、平整、无空鼓，基面上应无积水、无油污、无浮尘、无脱模剂，结构无裂缝和收缩缝。

② 若将人造石材作为地砖使用，在铺设时需要注意留缝，缝隙的宽度至少要达到 2 mm，为材料的热胀冷缩预留空间，避免起鼓、变形。

安装完成后的人造石需要打胶填缝

▲ 精美的人造大理石表面纹理清晰，可任意粘贴在墙面的角落，令家居空间更加精致

马赛克
款式多样，效果突出

材料速查：

① 马赛克具有防滑、耐磨、不吸水、耐酸碱、抗腐蚀、色彩丰富等优点。

② 马赛克的缺点为缝隙小，较易藏污纳垢。

③ 马赛克擅长营造不同风格的家居环境，如玻璃马赛克适合现代风情的家居；而陶瓷马赛克适合田园风格的家居等。

④ 马赛克可用各种颜色搭配拼贴成自己喜欢的图案作为背景墙使用，或作为墙面的跳色使用。

⑤ 一般的马赛克价格是 90~450 元 / m²，品质好的马赛克价格可达到 500~1000 元 / m²。

材料**大比拼**

种 类	特 点	价 格
贝壳马赛克	天然贝壳有着美丽光泽，根据所用贝壳种类的不同具有不同的色泽，且无规律、天然、美观，具有自然的韵味和亲切感。防水性好，硬度低，不能用于地面	多为进口，因此价格比较高，500~10000 元 / m²
夜光马赛克	夜光马赛克在夜晚时发光，可根据喜好拼接成各种形状，价格比较贵，能够营造浪漫的氛围。在白天跟普通马赛克的效果一样，颜色仅有蓝色和黄色两种	500~1000 元 / m²
陶瓷马赛克	陶瓷马赛克是一种工艺相对古老、传统的马赛克。虽然马赛克的种类不断地增长，但是陶瓷马赛克却以其精细玲珑的姿态，多变的色彩、款式，以及复古典雅的风格深受人们的喜爱	50~350 元 / m²
玻璃马赛克	玻璃马赛克耐酸碱、耐腐蚀、不褪色，是最适合装饰卫浴间墙地面的建材。其组合变化的可能性非常多：具象的图案，同色系深浅跳跃或过渡，或为瓷砖等其他装饰材料做纹样点缀等	30~400 元 / m²

选购**小常识**

1. 看外表面　在自然光线下，距马赛克 0.5 m 目测有无裂纹、疵点及缺边、缺角现象，如内含装饰物，其分布面积应占总面积的 20% 以上，且分布均匀。

2. 看背面　马赛克的背面应有锯齿状或阶梯状沟纹。选用的胶黏剂除保证粘贴强度外，还应易清洗。此外，胶黏剂还不能损坏背纸或使玻璃马赛克变色。

3. 看侧面　抚摸其釉面可以感觉到防滑度，然后看厚度，厚度决定密度，密度高吸水率才低，吸水率低是保证马赛克持久耐用的重要因素，可以把水滴到马赛克的背面，水滴不渗透的质量好，往下渗透的质量差。另外，内层中间打釉的通常是品质好的马赛克。

4. 看颗粒大小　选购时要注意颗粒之间是否同等规格、是否大小一样，每小颗粒边沿是否整齐，将单片马赛克置于水平地面检验是否平整，单片马赛克背面是否有过厚的乳胶层。

CONSTRUCTION TIPS

马赛克施工时要确定施工面平整且干净，打上基准线后，再将水泥（白水泥）或黏合剂平均涂抹于施工面上。依序将马赛克贴上，每张之间应留有适当的空隙。每贴完一张即以木条将马赛克压平，确定每处均压实且与黏合剂充分结合。之后用工具将填缝剂或原打底黏合剂、白水泥等充分填入缝隙中。最后用湿海绵将附着于马赛克上多余的填缝剂清洗干净，再以干布擦拭，即完成施工步骤。

材料**搭配秘诀**
—— material collocational tips ——

玻璃马赛克提升卫浴空间的视觉效果

玻璃马赛克晶莹剔透、光洁亮丽、艳美多彩，在装饰中能充分展示出玻璃艺术的优美典雅。尤其是在卫浴这样的小空间，可以迅速提升空间的整体视觉效果。

▶ 红色和白色组合的玻璃马赛克，令卫浴间的墙面展现出青春的活力

文化石
具有自然感和沧桑感

材料速查：

① 文化石具有防滑性好、色彩丰富、质地轻、经久耐用、绿色环保等优点。
② 文化石的表面较粗糙、不耐脏、不容易清洁。
③ 文化石具有色泽纹路，能够保持原始风貌的特点，适合乡村田园风格的居室。
④ 由于文化石表面粗糙有创伤风险，如果家里有幼童，不建议大量适用。
⑤ 文化石常用于电视背景墙、玄关、壁炉、阳台等的点缀装饰。
⑥ 文化石的价格依种类不同而略有差异，一般为 180~300 元 /m²。

材料大比拼

种类	特点	价格
城堡石	外形仿照古时城堡外墙形态和质感，有方形和不规律形两种类型，排列大多没有规则，颜色深浅不一，多为棕色和黄色两种色彩。多用于室内主题墙的装饰	200 元 /m²
层岩石	最为常见的一款文化石，仿岩石石片堆积形成的层片感，有灰色、棕色、米白色等。多用于室内主题墙的装饰	180 元 /m²
仿砖石	仿照砖石的质感以及样式，颜色有红色、土黄色、暗红色等，排列规律、有秩序，具有砖墙效果，是价格最低的文化石。多用于壁炉或主题墙的装饰	180 元 /m²
蘑菇石	蘑菇石因凸出的装饰面如同蘑菇而得名，也有叫其馒头石的。主要用在室内外的墙面、柱面等立面的装修，尤显得古朴、厚实、沉稳	300 元 /m²

选购**小常识**

1. 测手感 用手摸文化石的表面，如表面光滑没有涩涩的感觉，则质量比较好。

2. 测硬度 用一枚硬币在文化石表面划一下，质量好的不会留下划痕。

3. 看弹性 使用两块相同的文化石样品相互敲击，不易破碎则为优质产品。

4. 看表面 在选购文化石时，应注意观察其样式、色泽、平整度，看看是否均匀，没有杂质。

材料**搭配秘诀**
——◆—— material collocational tips

文化石强化美式乡村风格的舒适性

美式风格的客厅墙面多用自然裁切的文化石来表现，这种自然界原来就有的材料，其原始自然感可以体现出美式风格的舒适性。

施工小贴士

CONSTRUCTION TIPS

① 文化石的施工相对比较简单，首先，墙面需要比较粗糙，毛坯墙面最好，木质底层则需要先加一层铁丝网，这样做能够增加水泥的抓力，使文化石粘贴得更为牢固。

② 基层处理好以后，混合水泥砂浆，在墙面上涂抹厚度1 cm左右的水泥砂浆，直接将文化石铺贴上即可，水泥砂浆需要填充到石缝中间。

③ 最后，用竹片将水泥砂浆刮平，也可保留粗糙的自然感。

▲ 仿砖的文化石与白色系的护墙板结合作为电视背景墙，给人以古朴的自然感

砂岩
无污染，无辐射

> **材料速查：**
>
> ① 砂岩具有无污染、无辐射、不风化、不变色、吸热、保温、防滑等优点。
> ② 砂岩因其表面具有凹凸纹路，因此较易附着脏污。
> ③ 砂岩用于室内装饰，适合很多风格。例如居室为东南亚风格，则可以摆放砂岩佛像或大象摆件，来增加风格特征。
> ④ 砂岩可用于室内墙面、地面的装饰，也可用于雕刻，砂岩雕刻是应用比较广泛的室内装饰物。
> ⑤ 砂岩的价格以是否添加环氧树脂（Epoxy）而有所不同：添加环氧树脂的砂岩约 1500 元 /m^2，未添加环氧树脂的砂岩约 1000 元 /m^2。

砂岩环保无污染，适合定制各类浮雕

　　砂岩由石英颗粒（沙子）形成，结构稳定，通常呈淡褐色或红色，主要含硅、钙、黏土和氧化铁。色彩、花纹最受设计师欢迎的是澳洲砂岩，可制作各种浮雕装饰墙面。澳洲砂岩是一种生态环保石材，其产品具有无污染、无辐射、无反光、不风化、不变色、吸热、保温、防滑等特点。

浮雕砂岩

平面砂岩

选购**小常识**

1. **看色差** 天然砂岩会有一定色差，如果追求简单的家居环境可选购较小色差的砂岩；如追求体现不同风格、效果的家居环境，则可选择较大色差的砂岩。

2. **看特性** 在选购砂岩时要考虑到砂岩的天然特性，如厚度、表面平整度等。

3. **看时间** 砂岩石材的可塑性很高，从花样、尺寸都可以定做。若是选择已有的开模款式，从订货到拿货一般需30 ～ 45 天；若是要重新设计、制作，则约需 2 个月。

材料**搭配秘诀**
——◆—— material collocational tips ——

砂岩佛手雕塑强化东南亚风情的神秘气息

砂岩是所有天然石材中使用最为广泛的一种，其自然典雅的气质与崇尚禅意风情的东南亚风格十分契合。以砂岩佛手点缀局部空间，可令空间充满神秘气息。

CONSTRUCTION TIPS

① 砂岩墙面可以采用干挂法铺贴，即先在墙面上画线，如果有预埋件的可焊接角码、主龙骨、次龙骨，用金属挂件安装；没有预埋件可使用化学锚栓安装主龙骨，然后安装次龙骨，用金属挂件安装人造砂岩；最后用填缝剂密封缝隙。

② 砂岩也可以直接铺贴。先拌和胶黏剂，用齿形抹刀在人造砂岩背面抹好胶，在拉好水平线的墙面上粘贴人造砂岩石；接着从下至上铺贴，干燥后美化缝隙。

▼ 带有粗糙纹理的砂岩佛手给空间带来禅意

洞石
具有天然感和原始风

材料速查:

① 洞石具有纹理清晰、质地细密、硬度小等特性,加工适应性高,隔声性和隔热性好,可深加工,容易雕刻。
② 洞石因为表面有孔,因此容易脏污;自然程度比不上天然石材。
③ 洞石的颜色丰富,常用白色、米黄色、咖啡色、黄色以及红色等,因此适合各种家居风格。
④ 洞石多用在家居空间中的客厅、餐厅、书房、卧室,以及电视背景墙。
⑤ 洞石的价格依产地不同,为 280~520 元 /m²。

洞石纹理自然、有天然感

　　洞石的质地细密,加工适应性高,硬度小,隔声性和隔热性好,可深加工,容易雕刻。洞石的颜色丰富,除了有黄色的外,还有绿色、白色、紫色、粉色、咖啡色等。纹理独特,更有特殊的孔洞结构,有着良好的装饰性能,同时由于洞石天然的孔洞特点和美丽的纹理,也是做盆景、假山等园林用石的好材料。

红洞石　　　　　　　　　　白洞石

玉洞石　　　　　　　　　　黄洞石

选购**小常识**

1. 最好去工厂里挑选洞石　店铺中看到的一般都是样品，是局部石材，天然石材每块的纹路和色彩都有差别，为了获得较好的装饰效果和质量，亲自去挑选比较好。

2. 看产地　可以从产地来判断洞石优劣。目前品质较高的天然和人造洞石多为欧洲国家进口，如意大利、西班牙等国。

3. 挑尺寸　可以依照适用空间来选择洞石尺寸大小。例如用于墙面装饰时，建议选择尺寸较小的洞石，可以减少材料的损耗。

材料**搭配秘诀**
—◆— material collocational tips —

玉洞石彰显新中式风格的天然尊贵感

玉洞石具有天然的纹理、温和丰富的质感，源自天然，却超越天然。疏密有致的纹路，仿佛刚刚从泥土里活过来，深藏着史前文明的痕迹，令新中式风格彰显出天然的尊贵气息。

**施工
小贴士**

CONSTRUCTION TIPS

① 由于天然洞石的吸水率高，在施工前最好先在其表面涂抹防护剂，以免污染或刮伤。

② 在施工时，需先留出伸缩缝，一般至少要留出 2.5~3 mm 的伸缩缝。

③ 洞石无毛细孔，因此抓着力没有天然石材高，除了在施作面抹上水泥砂浆外，在其背面需另外再加上黏着剂，以增加附着力。

④ 洞石的验收与瓷砖的验收方式相同。使用建材时，应该首先确认洞石的平整度，以及四边是否有翘起，若有翘起，在施工时则不易贴合。

▲ 大地色系的玉洞石纹理大气，令新中式风格的客厅更具气势

潮流新
建 材

金属砖
色泽抢眼，具有现代感

材料速查：

① 金属砖具有光泽耐久、质地坚韧的特点，并且耐酸碱性，易于清洁。

② 金属砖的色彩较为单一，在家居应用中有一定的局限性。

③ 金属砖能够彰显高贵感和现代感，适用于现代风格和欧式风格。

④ 金属砖常用于家居小空间的墙面和地面铺设，如卫浴、过道等，且有很好的点缀作用。

⑤ 金属砖由于材料与工艺的不同，导致产品的价格差比较大，通常为 100~3000 元 /m²。

材料**大比拼**

种类		特点	价格
不锈钢砖		具有金属的天然质感和光泽，可分为光面和拉丝两种，在家居空间中不建议大面积使用，颜色多为银色、铜色、香槟金和黑色	材料与工艺的不同导致产品的价格差比较大，通常为 100~3000 元 /m²
仿锈金属砖		表面仿金属生锈的感觉，仿铜锈或者铁锈，常见黑色、红色、灰色底，是价格便宜的金属砖	700 元 /m²
花纹金属砖		砖体表面有各种立体感的纹理，具有很强的装饰效果，常见香槟金、银色与白金三色	800 元 /m²
立体金属砖		砖体仿制于立体金属板，表面有凹凸的立体花纹，效果真实，价格比金属板低，触感不冷硬，是全金属砖的绝佳替代材料	1000 元 /m²

选购**小常识**

1. 听声音 以左手拇指、食指和中指夹金属砖一角，轻轻垂下，用右手食指轻击金属砖中下部，如声音清亮、悦耳为上品；如声音沉闷、滞浊则为下品。

2. 看表面 金属砖以硬底良好、韧性强、不易碎为上品。仔细观察残片断裂处是细密还是疏松，色泽是否一致，是否含有颗粒。以残片棱角互划，是硬、脆还是较软，是留下划痕还是散落粉末，如为前者，则该金属砖即为上品，后者即为下品。

3. 试拼 将几块金属砖拼放在一起，在光线下仔细查看，好的产品色差很小，产品之间色调基本一致。而差的产品色差较大，产品之间色调深浅不一。

CONSTRUCTION TIPS

如果选用金属为原材料的砖做装饰，需要请专门的有丰富经验的师傅来进行施工。此类砖背后多为一层网状薄膜，需要用特殊的黏胶来进行施工，因此除了师傅外，黏胶的品质也是特别需要注意的，只有好品质的黏胶才能保证施工质量和使用年限。如果没有合适的工人，也可以请店家推荐，通常店里都会配有师傅。

材料**搭配秘诀**
—— material collocational tips

金属砖打造前卫时尚的空间

金属砖可以彰显出后现代风格的前卫感。带有图样的金属砖，能够装饰出类似壁画的效果，且在不同的光线折射下呈现出不同的色泽，视觉清晰度高，非常个性、独特。

Designer 设计师微课堂

金属砖表面不能用强酸或强碱洗剂擦拭

金属砖的表面金属已经过抗氧化处理，因此不会变色，平时用桐油进行保养就可以，每两周保养一次即可，这样做能够使表面的光泽度得到保持，但是不能使用强酸性或者碱性的洗剂来擦拭，否则会破坏金属表层。

徐鹏程
微视大观艺雕国际装饰
设计有限公司设计总监

▲ 仿锈金属砖与带有立体花纹的金属砖粘贴在墙面上，展现出空间的后现代气息

板 材

　　板材可用作墙面隔断或打制家具，在科技发展的现今，板材的定义很广泛，用在不同风格墙面上的装饰都有不同材质的板材。

木纹饰面板
保温隔热，易加工

材料速查：

① 木纹饰面板是将天然木材或科技木刨切成一定厚度的薄片，黏附于胶合板表面，然后热压而成的一种用于室内装修或家具制造的表面材料。它种类繁多，施工简单，是应用比较广泛的一种板材。

② 木纹饰面板一定要选择甲醛释放量低的板材。

③ 木纹饰面板使用范围非常广泛，门、家具、墙面上都会用到，还可用作墙面、木质门、家具、踢脚线等部位的表面饰材。

④ 由于木纹饰面板的品质众多，产地不一，因此价格差别较大，从几十元到上百元不等。

材料**大比拼**

种类		特点	价格
榉木		分为红榉和白榉，纹理细而直或带有均匀点状。木质坚硬、强韧，干燥后不易翘裂，透明漆涂装效果颇佳。可用于壁面、柱面、门窗套及家具饰面板	85 ~ 290 元 / 张
水曲柳		分为水曲柳山纹和水曲柳直纹。呈黄白色，结构细腻，纹理直而较粗，胀缩率小，耐磨抗冲击性好	70 ~ 320 元 / 张
胡桃木		常见有红胡桃、黑胡桃等，在涂装前要避免表面划伤泛白，涂刷次数要比其他木饰面板多 1 ~ 2 道。透明漆涂装后纹理更加美观，色泽深沉稳重	105 ~ 450 元 / 张
樱桃木		装饰面板多为红樱桃木，暖色赤红，合理使用可营造高贵气派的感觉。价格因木材产地差距比较大，进口板材效果突出，价格昂贵	85 ~ 320 元 / 张

续表

种　类	特　点	价　格
柚木	柚木材质本身纹理线条优美，含有金丝，所以又称金丝柚木。它包括柚木、泰柚两种，质地坚硬，细密耐久，耐磨、耐腐蚀，不易变形，胀缩率是木材中最小的一种	110～280元/张
枫木	可分为直纹、山纹、球纹、树榴等，花纹呈明显的水波纹状，或呈细条纹。乳白色，格调高雅，色泽淡雅均匀，硬度较高，胀缩率高，强度低。适用于各种风格的室内装饰	360元/张
橡木	花纹类似于水曲柳，但有明显的针状或点状纹。可分为直纹和山纹，山纹橡木饰面板具有比较鲜明的山形木纹，纹理活泼、变化多，有良好的质感，质地坚实，使用年限长，档次较高	110～580元/张
沙比利	可分为直纹沙比利、花纹沙比利和球形沙比利。线条粗犷，颜色对比鲜明，可营造出高贵气派的感觉。上漆等表面处理的性能好。	70～430元/张
花梨木	可分为山纹、直纹、球纹等，颜色黄中泛白，饰面用仿古油漆别有一番韵味，纹理自然、具有独特的美感和可塑性，非常适合用在中式风格的居室内	120～360元/张
酸枝木	纹理具光泽，可分为山纹、直纹等，山纹酸枝呈波纹状，粗而清晰的纹理尽显大气磅礴的气势，是高档装饰的理想材料，新切面略有甜味，是装饰材料中的极品	130～580元/张
影木	常见的种类有红影和白影两种，纹理极具特点，结构细且均匀，强度高，90°对拼时产生的花纹在柔和的光线下显得十分漂亮	110～280元/张

选购小常识

1. 观察贴面（表皮） 看贴面的厚薄程度，越厚的性能越好，油漆后实木感越真、纹理也越清晰、色泽鲜明、饱和度好。

2. 看纹理 天然板和科技板的区别：前者为天然木质花纹，纹理图案自然变异性比较大、无规则；而后者的纹理基本为通直纹理，纹理图案有规则。

3. 看表面 表面应光洁、无明显瑕疵、无毛刺沟痕和刨刀痕；表面有裂纹裂缝、节子、夹皮、树脂囊和树胶道的尽量不要选择。

4. 看胶层 应无透胶现象和板面污染现象；无开胶现象，胶层结构稳定。要注意表面单板与基材之间、基材内部各层之间不能出现鼓包、分层现象。

5. 闻味道 要选择甲醛释放量低的板材。可用鼻子闻，气味越大，说明甲醛释放量越高，污染越厉害，危害性越大。

施工小贴士

CONSTRUCTION TIPS

① 使用木纹饰面板做柜体层板时，要注意饰面板的方向，以免变形；另外要注意贴边皮的收缩问题，宜选用较厚的饰面板，在不影响施工的情况下，用较厚的皮板或较薄的夹板底板，避免产生变形。

② 木纹饰面板在墙面施工时，要注意纹路上下要有正片式的结合，纹路的方向性要一致，避免拼凑的情况发生，影响美观。

材料搭配秘诀
—— material collocational tips ——

木纹饰面板令居室更具温馨感与质朴感

在进行家庭装修中的墙面设计时，木纹饰面板是最为常用的装饰材料之一。木纹饰面板不仅可以令居室更具温馨感，同时可以令空间呈现出自然的原始状态，给人以质朴的空间感受。如果觉得木纹饰面板过于单调，可以通过造型和装饰来丰富空间视觉效果，如木纹饰面板和装饰画的结合运用。

◀ 木纹饰面板墙裙与家具属同色系，共同彰显出美式乡村风格的质朴感觉

板材家具令空间呈现出浓郁的自然风情

除了作为墙面装饰，板材家具在家居中也运用广泛，其中以北欧风格的家居最为常见。另外，板材打造的整体橱柜更是被广泛地运用到田园、乡村风格的家居中，其天然的纹理可以令空间呈现出浓郁的自然风情。

▼ 饰面板纹理清晰，呈现出天然的质感

细木工板

握钉力好，强度高，绝热

材料速查：

① 细木工板具有质轻、易加工、握钉力好、不变形等优点。

② 细木工板在生产过程中大量使用尿醛胶，甲醛释放量普遍较高，环保标准普遍偏低，这也是大部分细木工板都有刺鼻味道的原因。

③ 细木工板的主要部分是芯材，种类有许多，如杨木、桦木、松木、泡桐等，多纹理的选择，使其适用于任何家居风格。

④ 细木工板的用途非常广泛，可用于墙面造型基层及家具、门窗造型基层的制作；但细木工板虽然比实木板材稳定性强，但怕潮湿，施工中应注意避免用于厨卫空间。

⑤ 细木工板的价格为 120 ~ 310 元 / 张，可根据实际情况来选择。

家庭装修使用细木工板要严防甲醛超标

家庭装修只能使用 E0 级或者 E1 级的细木工板。使用中要对不能进行饰面处理的细木工板进行净化和封闭处理，特别是在背板、各种柜内板和暖气罩内等，可使用甲醛封闭剂、甲醛封闭蜡等，在装修的同时使用效果最好，一般 100 m² 左右的居室使用细木工板不要超过 20 张。

CONSTRUCTION TIPS

做罩面板的细木工板应事先挑选好，分出不同色泽和残次品，然后按设计尺寸裁割、刨边（倒角）加工，并用 15 mm 枪钉将细木工板固定在木龙骨架上。如果用铁钉则应使钉头砸扁埋入板内达 1 mm。要求布钉均匀，钉距 100 mm 左右。粘贴细木工板时要采用专用胶粘贴。

选购**小常识**

1. 看等级　细木工板的质量等级分为优等品、一等品和合格品，细木工板出厂前，会在每张板背右下角加盖不褪色的油墨标记，标明产品的类别、等级、生产厂代号、检验员代号；类别标记应当标明室内、室外字样。如果这些信息没有或者不清晰，应避免购买。

2. 触摸表面　展开手掌，轻轻平抚细木工板板面，如感觉到有毛刺，扎手，则表明质量不高。

3. 抖动听声音　用双手将细木工板一侧抬起，上下抖动，倾听是否有木料拉伸断裂的声音，有则说明内部缝隙较大，空洞较多。优质的细木工板应有一种整体厚重感。

4. 看板芯　从侧面拦腰锯开后，观察板芯的木材质量是否均匀整齐，有无腐朽、断裂、虫孔等，实木条之间缝隙是否较大。

5. 闻味道　将鼻子贴近细木工板剖开截面处，闻一闻是否有强烈刺激性气味。如果细木工板散发清香的木材气味，说明甲醛释放量较少；如果气味刺鼻，说明甲醛释放量较多。

材料**搭配秘诀**
—— material collocational tips ——

浅淡木色，打造清亮自然空间

细木工板自身的纹路与色泽具有天然的气息，采用开放漆或仅涂刷清油，反而更能凸显木纹的天然之感，令空间更加舒适。

► 原木色调的收纳柜更加环保，接近自然，非常适合北欧风格的空间使用

欧松板
低甲醛，结实耐用

材料速查：

① 欧松板具有质轻、易加工、握钉能力强、结实耐用等优点；其甲醛释放量几乎为零，可与天然木材相比，是真正的绿色环保建材。

② 欧松板的缺点是厚度稳定性较差。由于刨花的大小不等，铺装过程中的刨花方向和角度不能保证完全水平和均匀，对厚度稳定性有一定的影响。

③ 欧松板特有的纹理，适用于乡村风格、现代风格的家庭装修。

④ 欧松板是目前世界范围内发展最迅速的板材，无论是做家具，还是隔墙、背景墙等造型类板材，欧松板都可以胜任；另外欧松板还常被用作吸音板。

⑤ 欧松板的市场价格与高档细木工板相当，为 180~500 元/张。

欧松板更具环保性

欧松板是目前世界范围内发展最迅速的板材，是细木工板、胶合板的升级换代产品。欧松板全部采用高级环保胶黏剂，符合欧洲最高环境标准 EN300 标准，成品符合欧洲 E1 标准，其甲醛释放量几乎为零，远远低于其他板材，可以与天然木材相比，是目前市场上最高等级的装饰板材。

◀ 欧松板可直接作为面材，令空间更具环保性

选购**小常识**

1. 看内部 欧松板内部任何位置都没有接头、缝隙、裂痕，因此好的欧松板应该具有良好的整体均匀性，无论中央、边缘都具有普通板材无法比拟的平整度。

2. 测木芯 欧松板以木芯为原料，通过专用设备加工成长 40 ～ 100 mm、宽 5 ～ 20 mm、厚 0.3 ～ 0.7 mm 的刨片，在选购时应注意其厚度是否符合标准。

3. 看品牌 欧松板采用高级环保材料制作。因其十分受用户青睐，自然会有不少假冒伪劣产品，消费者在选购时一定要认准品牌。

材料**搭配秘诀**

—— material collocational tips ——

CONSTRUCTION TIPS

① 欧松板在施工方法上与其他板材差异不大，但在表面处理上稍有不同：如果喜欢欧松板本色可以做透明涂饰，也可以刷混油；欧松板表面如果是不砂光的，可用水性涂料、水性防火涂料和泥子。如果喜欢别的图案，可以做贴面处理。可以直接贴防火板、装饰板及铝塑板，但不能贴木皮。

② 欧松板在侧面握钉时，应先用电钻打小孔，再上自攻钉。另外，建议欧松板都用实木收边。

欧松板制作的橱柜具有防潮效果

欧松板在家装中的大量使用一般是作为橱柜的框架材料，即橱柜的内部全部采用欧松板制作，然后柜门选择实木材质、钢化玻璃等材料。用欧松板制作的橱柜，通常防潮效果很好，这主要得益于欧松板的板材构造。因此，完全不用担心欧松板的橱柜，将来会发生潮湿腐烂的情况。

◀ 欧松板适合厨房、卫生间等潮湿的空间

科定板
色彩丰富，低甲醛

材料速查：

① 科定板木纹皮的原材料为原木，经过一系列加工之后，在出厂前涂上环保面漆，节省施工步骤，费用更低，更环保。

② 科定板施工时与一般涂装板材缺点相同，若圆弧造型弧度小于 120°，便无法施工。

③ 科定板可用于墙面饰面或粘贴桌、柜、梁柱等木质材料或夹板的表面。

④ 科定板的价格为 200 ~ 420 元 / 张，比传统涂装板材加上喷漆的费用更便宜。

科定板更环保、低甲醛

科定板每张由 2.7~3.6 mm 厚的板材为底材，并用无毒环保胶粘贴上 0.25~0.6 mm 厚的木皮，表面再以德国环保 UV 漆于工厂进行涂膜，完全无毒无害，保障室内生活的健康性。科定板甲醛含量低，施工后闻不到刺鼻的气味。

◀ 科定板色调淡雅，常用于墙面和家具定制

选购**小常识**

1. **看表层** 优质的科定板属于绿色环保建材，表面光滑，色彩丰富，选购时应注意表层的质量。

2. **闻味道** 由于科定板的表面以德国环保 UV 漆于工厂进行涂膜，完全无毒无害，购买时要注意有无刺鼻气味。

3. **看厚度** 每张科定板都是由 2.7 ～ 3.6 mm 厚的板材为底材，并用无毒环保胶粘贴上 0.25 ～ 0.6 mm 厚的木皮。

材料**搭配秘诀**
—◆— material collocational tips —◆—

科定板绿色环保适合打造展示柜

绿色建材科定板用于制作具有展示作用的柜子，其独特的质感可表现自然的韵味。另搭配亚麻布艺与硅藻泥墙面，可成功打造健康舒适的宜居生活。

CONSTRUCTION TIPS

科定板在进行施工时，应避免使用强力黏胶，可以使用低甲醛的白胶黏合，若担心黏性差，可以使用射钉枪进行固定，然后补泥子。

科定板厚度匀称可直接上胶

▼ 环保的科定板即使大面积用于墙面柜体制作，也不担心污染问题

密度板
材质细密，性能稳定

材料速查：

① 密度板也称纤维板，是以木质纤维或其他植物纤维为原料，施加脲醛树脂或其他适用的胶黏剂制成的人造板材。密度板表面光滑平整、材质细密、性能稳定、边缘牢固，而且板材表面的装饰性好。

② 密度板耐潮性较差，且由于密度板的强度不高，螺钉旋紧后如果发生松动，很难再固定。

③ 密度板很容易进行涂饰加工。广泛用于强化木地板、门板、隔墙、家具等处。

④ 密度板因其密度的不同而差异较大，从 35 ~ 400 元 / 张不等，通常密度越高价格越贵。

密度板类别多样

密度板按其密度的不同，分为高密度板、中密度板、低密度板。其中低密度板结构松散，故强度低，但吸音性和保温性好，主要用于家装吊顶部位装饰；中密度板可直接用于制作家具；高密度板不仅可用作家具、吊顶等装饰，更可取代高档硬木直接加工成复合地板、强化地板。

低密度板

中密度板

高密度板

贴皮高密度板

选购**小常识**

1. 看表面清洁度 表面清洁度好的密度板表面应无明显的颗粒。颗粒是压制过程中带入杂质造成的，不仅影响美观，而且使漆膜容易剥落。

2. 看工艺 用手抚摸表面时应有光滑的感觉，如感觉较涩则说明加工不到位。密度板表面应光亮平整，如从侧面看去表面不平整，则说明材料或涂料工艺有问题。

3. 看甲醛含量 密度板按照其游离甲醛含量的多少可分为 E0 级、E1 级、E2 级。E1 级甲醛释放量小于或等于 1.5 mg/L，可直接用于室内装修；E0 级甲醛释放量小于或等于 0.5 mg/L。业主在选购密度板时，应尽量购买甲醛释放量低的商品。

CONSTRUCTION TIPS

· 密度板贴皮刷胶须知：

① **贴木皮**。饰面板（又名贴面板）还可以做成集成材（底板＋树皮胶合而成），并且贴木皮相对比较环保，颜色比较自然，都是由木皮的原始纹理组成。

② **上胶**。密度板必须干燥、干净、无油垢，上胶后可根据贴面厚度决定是否上二次胶，复合物加压存放 24 小时后可达最终强度，机器、手工上胶均可。

密度板贴皮后的效果

材料**搭配秘诀**

—— material collocational tips ——

开放漆处理，凸显家具肌理感

密度板可外贴纹路较美观的木皮然后搭配开放漆使用，保留天然木纹的毛孔，从而突显木材的肌理感。令空间接近自然风格，同时由于漆的用量少，可以减少成本，降低环境污染。

◀ 开放漆处理的密度板展现出地中海风格被海风吹拂的痕迹

防火板

耐磨，耐高温

材料速查：

① 防火板表面硬度高、耐磨、耐高温、耐撞击，表面毛孔细小不易被污染，耐溶剂、耐水、耐药品、耐焰，不易老化。

② 防火板为平板，无法创造凹凸、金属等立体效果，时尚感稍差。

③ 防火板广泛用于室内装饰贴面、各类家具台面和厨房柜体制作等方面。

④ 防火板的厚度一般为 8 mm、10 mm 和 12 mm。生产销售企业有很多，质量良莠不齐。价格普遍在 60~300 元／张。

材料**大比拼**

种 类		特 点	价 格
平面彩色系列		朴素光洁，耐污耐磨，颜色多样。该系列适宜于餐厅、吧台的饰面、贴面	30 ~ 200 元／张
木纹系列		华贵大方，经久耐用，该系列纹路清晰自然。适用于家具、家电饰面及活动式吊顶	70 ~ 260 元／张
石材颜色系列		不易磨损，方便清洁。该系列适用于室内墙面、厅堂的柜台、墙裙等	105 ~ 320 元／张
皮革颜色系列		颜色柔和，易于清洗，该系列适用于装饰厨具、壁板、栏杆扶手等	85 ~ 450 元／张

选购**小常识**

1. **查看检查报告** 仔细查看产品的检测报告，特别是注意查看检测报告中的产品燃烧等级，燃烧等级越高的产品耐火性越好。

2. **看表面** 首先要看其整块板面颜色、肌理是否一致，有无色差，有无瑕疵，用手摸有没有凹凸不平、起泡的现象，优质防火板应该是图案清晰透彻、无色差、表面平整光滑、耐磨的产品。

3. **查厚度** 防火板厚度一般为 8 ~ 12 mm，一般的贴面选择 0.6 ~ 1 mm 厚度就可以了。厚度达到标准且厚薄一致的才是优质的防火板，因此选购的时候，最好亲自测量一下。

材料**搭配秘诀**

—— material collocational tips ——

防火板耐磨耐高温，非常适合厨房使用

防火板的优势在于它的保温隔热性能，比普通板材高十倍左右。另外其颜色比较鲜艳，封边形式多样，耐磨、耐高温、抗渗透、防潮，价格实惠，是制作橱柜的绝佳选择。

CONSTRUCTION TIPS

① 用于防火板的嵌缝材料应具有一定的柔性和膨胀性能，以防止板材拉缝。这种嵌缝材料不准配制，成本也不高，由板材生产厂供货或提供配方。

② 海外有的直接规定，防火板施工所用的钉子必须是不锈钢钉。因为在防火板中存在氯盐，氯盐对铁的腐蚀世人皆知，我国不少用防火板的工程经一年多埋入的钉头上表面就出现锈斑，再经一段时间锈斑就会鼓成包块。环境越潮湿，这个问题暴露得越早，要避免这个弊病的发生，必须保证钉子不被锈蚀。

▼ 色调鲜艳的防火板橱柜表现出现代都市厨房的便捷感

实木雕花
低调奢华，适合中式风格

> **材料速查：**
>
> ① 实木雕花在我国具有悠久的历史，属于具有中式特色的装饰构件，可用于墙面、屏风、隔断、家具等部位上的装饰。
>
> ② 如果搭配中式风格的室内环境，更加相得益彰。现在的实木雕花可分为两种，一种是流传下来的，价格比较昂贵，一种是现代生产的，价格相对较低。
>
> ③ 实木雕花较难保存，不宜放置在极潮湿或者极干燥的室内。在很潮湿的环境里，部分木雕工艺品就会长"毛"。例如绿檀工艺品就会吐出银白色的丝出来。

实木雕花具有传统文化韵味

实木雕花工艺在我国流传已久，具有独特的艺术底蕴。现在用于装饰的实木雕花，多已简化，更适合现代空间的特点，不再显得过于庄重和繁复。实木雕花可以分为实体雕花和镂空雕花两种，前者用于作为墙面装饰、镶嵌门等用途，后者具有代表性的就是窗格、门扇和屏风，也可用于墙面装饰。

选购**小常识**

1.看树种 要仔细查看实木雕花质量是否合格，检查其质量说明书上标明的木材种类，一定要选择结实耐用的木材；同时看外面所刷油漆是否光滑均匀。

2.闻气味 靠近博古架闻闻油漆是否有刺鼻气味，如果有刺鼻气味，说明是后期加工较多，就最好不要购买。

3.看牢固度 有些年代久远的实木雕花较为贵重，不同于其他板材，因此对结实度和完好度要求很高，尤其是看其细节处有无缺损。

▲ 实木雕花作为墙面装饰窗户使用

▲ 实木雕花作为隔断使用

风化板
木纹鲜明，个性独特

材料速查：

① 风化板是利用机器滚轮装的钢刷将木板中比较软的部分去掉，余下的部分能够显示出天然木头经过长时间风化后的凹凸触感，具有粗犷的原始效果。包括实木板和实木贴皮两种。

② 因为梧桐木的造价比较低，因此现市面上的风化板多以梧桐木为原料，它重量最轻、色泽最浅，能够牢固地贴覆在壁面或者家具柜体上，如果进行洗白或者喷涂特殊色，效果也最好。

③ 风化板怕潮湿，不适合大面积用于浴室、厨房、卫生间等室内空间中，比较适合用于客餐厅以及卧室等需要装饰效果的区域。

④ 可风化加工的木种中，梧桐木价格最便宜，每张约 300 元，进口品价格较贵，为 500~2000 元 / 张。

材料大比拼

风化板根据木料剖切面的不同，可以分为直纹和山纹两种，其中山纹的木料经过钢刷的处理凹凸纹理要更为明显一些，线条更为明确，装饰效果比较浓郁。具体的选择可以根据个人喜好以及空间风格结合进行，山纹适合比较活泼一些的效果，而直纹则略显严肃一些。

直纹风化板

山纹风化板

材料**搭配秘诀**
—◆— material collocational tips ——

风化板装饰木条为空间增添古朴气息

如果想令空间更具古朴气息，可直接在墙面铺贴山纹的风化板装饰木条，其独特的质感如同历经风霜的老人，带着历史与自然的痕迹，令空间更具古韵气息。

▼ 风化板装饰木条方便加工铺贴，作为背景墙装饰非常明显

潮流新建材

椰壳板
极具东南亚风情

材料速查：

① 椰壳板是一种新型环保建材，是以高品质的椰壳、贝壳为基材，纯手工制作而成，其硬度与高档红木相当，且非常耐磨，又有自然弯曲的美丽弧度。

② 椰壳板不是专业的吸音材料，不具备最佳的隔声效果，但是经过拼接的椰壳板的椰片之间留有凹凸的缝隙，这些缝隙能够起到一定的吸音作用，特别是作为背景墙使用，隔声效果要优于白墙。

③ 椰壳板适用于居家墙面、柱体、飘窗、阳台、屏风、家具台面，以及艺术拼花等处。

④ 椰壳板价格为 20 ~ 50 元 / 片，一平方米需要 15 ~ 20 片。

椰壳板的色彩可处理

椰壳板属于天然材料，经过磨光后呈现椰壳的自然色泽，多半为咖啡色，其颜色的深浅与其生长的年限与光照强度有关，为了避免单调，工厂将椰壳经过一系列的处理，成品可分为三种颜色：一般椰壳、洗白椰壳以及黑亮椰壳。可根据整体空间的颜色搭配来行进具体的选择。

椰壳板

洗白椰壳版

黑亮椰壳板

椰壳板的拼接方式

二拼板

复古板

回形拼

人形拼

CONSTRUCTION TIPS

椰壳板本身具有很好的性能，质地坚硬。但因为使用环境的差异，在使用时可以根据地理环境，适当地涂刷保护漆，以避免长期与空气的接触，因温度和湿度的变化而导致氧化，出现色泽的变化。

保护漆可选择透明的色泽，不会改变椰壳板本身的色彩，还能起到保护作用，还可以采用木皮染色的做法，可以加深板材本身的色泽，还可以将天然的细孔堵住，避免发霉，延长使用寿命。

材料搭配秘诀
—— material collocational tips ——

椰壳板拼接展现东南亚风情

椰壳板具有无穷的组合方式，它能将设计的造型和灵感表现得淋漓尽致，尽情展现出其独特的艺术魅力和个性气质，是东南亚风格的首选装饰。

▲ 椰壳板装饰床头背景墙，让卧室彰显热带风情

波浪板
立体感强，极具装饰效果

材料速查：

① 波浪板具有环保、吸音隔热、施工简便的优点；另外波浪板的材质轻盈、设计时尚，且具有立体造型，具有非常强的装饰效果。

② 波浪板特有的纹理，非常适合现代风格的家居环境。

③ 波浪板具有防撞击的性能，因此比较适用于儿童房，也特别适用于门庭、玄关、背景墙、电视墙、廊柱、吧台、门和吊顶的设计。

④ 波浪板的价格大致为 80 ~ 150 元 /m²，适合经济、实用性的家居设计。

波浪板花型多样

波浪板是一种新型、时尚、艺术的室内装饰板材，又称 3D 立体浪板，可代替天然木皮、贴面板等。主要用于各场所的墙面装饰，其造型优美、结构均匀、立体感强、防火防潮、加工简便、吸音效果好、绿色环保。波浪板目前常见的纹路主要有直波纹、水波纹、冲浪纹、灯笼纹、孔雀纹、太阳纹、钻石纹、瓦槽纹、斑马纹、回字纹等花纹造型。

太阳纹

水波纹

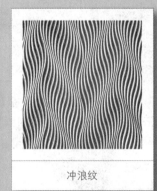

冲浪纹

选购**小常识**

1. 看装饰层 好的波浪板装饰层是进口装饰纸，长期使用不褪色，三维立体感逼真；质量较差的波浪板装饰层模糊虚假，太阳光长期照射会褪色。

2. 看芯材 好的波浪板芯材密度高且均匀，纯木纤维长，甲醛释放低，防潮不变形；质量较差的波浪板芯材多为杂木短纤维并有大量树皮，芯材发黑、密度低、不均匀。

3. 看售后 波浪板订购后，要有固定的专业安装队伍进行安装，要有具体的安装规范和服务要求。同时优质商家会对波浪板本身要提供一定时间的质量保证和免费维修期限。

材料**搭配秘诀**
—◇—material collocational tips—

浮雕式波浪板令空间更具层次

极富艺术感的波浪板可根据不同需求，定做不同的图案、颜色及造型。其非同一般的浮雕式立体感可以冲破整个空间的沉闷，使空间环境变得更具层次感。

施工
小贴士

CONSTRUCTION TIPS

① 波浪板在拼接时，应将纹路、造型对齐，不宜用钉子锤打安装。

② 波浪板在验收时一定要注意其是否变形、翘曲。验收时用 2 m 长的直尺，靠在波浪板上测量其平整度，可多抽几处测量，如果合格率在 80% 以上就视为合格，反之则为不合格。

波浪板表面平整无变形

▲ 几何形的波浪板具有立体造型，可令单调的空间更具纵深感

壁　纸

壁纸具有色彩多样、图案丰富、豪华气派、安全环保、施工方便、价格适宜等多种其他室内装饰材料所无法比拟的特点，因此广泛用于墙面装饰中。

无纺布壁纸

拉力强，环保，透气性好

材料速查：

① 无纺布壁纸为新一代环保材料，具有防潮、透气、柔韧、质轻、不助燃、容易分解、无毒无刺激性、色彩丰富、可循环再用等特点。

② 无纺布壁纸是采用纯天然植物纤维制作而成，不含其他化学添加剂，因此其形式、色彩选择面相对狭窄，没有普通壁纸品种样色多。

③ 无纺布壁纸可以适用于任何风格的家居装饰中，特别适用于现代和田园风格的家居。

④ 无纺布壁纸广泛应用于客厅、餐厅、书房、卧室、儿童房的墙面铺贴中。

⑤ 无纺布壁纸的产地来源主要有欧洲、美国、日本和中国，价格为 200~1000 元 /m²，其中欧美国家的价格最高，日本居中，国产无纺布壁纸的价格最低。

无纺布壁纸环保、无害

无纺布壁纸主要是化学纤维，例如涤纶、腈纶、尼龙、氯纶等经过加热熔融挤出喷丝然后经过压延花纹成型，或者由棉、麻等天然植物纤维经过无纺成型。更多是化学纤维和植物纤维经过混合无纺成型。业界称为"会呼吸的壁纸"，是目前国际上最流行的新型绿色环保材质，对人体和环境无害，完全符合环保安全标准。

▲ 无纺布壁纸无毒无害，用于卧室中更为环保

材料**大比拼**

种 类		特 点	价 格
水刺无纺布		水刺工艺是将高压微细水流喷射到一层或多层纤维网上，使纤维相互缠结在一起，从而使纤维网得以加固而具备一定强力	150~320 元 / 卷
热合无纺布		热合无纺布是指在纤维网中加入纤维状或粉状热熔黏合加固材料，纤维网再经过加热熔融冷却加固成布	120~270 元 / 卷
湿法无纺布		湿法无纺布是将置于水介质中的纤维原料开松成单纤维，同时使不同纤维原料混合，制成纤维悬浮浆，悬浮浆输送到成网机构，纤维在湿态下成网再加固成布	180~800 元 / 卷
针刺无纺布		针刺无纺布是干法无纺布的一种，针刺无纺布是利用刺针的穿刺作用，将蓬松的纤维网加固成布	大于 220 元 / 卷

选购**小常识**

1. **看图案和密度** 颜色越均匀，图案越清晰的无纺布壁纸越好；布纹密度越高，说明质量越好，记得正反两边都要看。

2. **测手感** 无纺布壁纸的手感很重要，手感柔软细腻说明密度较高，坚硬粗糙则说明密度较低。

3. **闻气味** 环保的无纺布壁纸气味较小，甚至没有任何气味；劣质的无纺布壁纸会有刺鼻的气味。另外，具有很香的味道的无纺布壁纸也坚决不要购买。

4. **燃烧测验** 在购买时要注意鉴别是否为环保无纺布壁纸，主要可以采用燃烧的方法。环保型无纺布易燃烧，火焰明亮，有少量的黑色烟雾为天然纤维内的碳元素的细小颗粒；人造纤维的无纺布在燃烧时火焰颜色较浅，在燃烧过程中会有持续的灰色烟，并有刺鼻气味。

5. **轻擦拭** 试着用略湿的抹布擦一下无纺布壁纸，能够轻易去除脏污痕迹，则证明质量较好。

材料**搭配秘诀**
—— material collocational tips ——

无纺布壁纸为家居带来温馨、轻柔的视觉效果

柔软的布匹很难固定于墙面，无纺布壁纸的产生，主要是方便将棉、麻、丝等织品的质感与触感应用于墙面装饰。无纺布壁纸与传统壁纸最大的不同就是可以体现出布料的温润感，可以为家居环境带来温馨、轻柔的视觉效果。

▲ 带有花朵纹样的无纺布壁纸运用于卧室中，与布艺床品搭配为家居带来奢华的感觉

精美的无纺布壁纸可代替背景墙设计

有些无纺布壁纸的纹理非常漂亮，花纹大而精美，选择粘贴在床头背景墙或者沙发背景墙，完全可提高造型设计。不过这样设计时需要注意，粘贴在背景墙一面的无纺布壁纸应与其他墙面的壁纸区别开来，以体现墙面设计的差异化，突出无纺布背景墙的设计中心。

PVC 壁纸
防水，施工方便

材料速查：

① PVC 壁纸具有一定的防水性，施工方便，耐久性强。

② PVC 壁纸透气性能不佳，在湿润的环境中，对墙面的损害较大，且环保性能不强。

③ PVC 壁纸的花纹较多，适用于任何家居风格。

④ PVC 壁纸有较强的质感和较好的透气性，能够较好地抵御油脂和湿气的侵蚀，可用在厨房和卫浴空间中。

⑤ PVC 壁纸的价格为 100~400 元 / m²，经济型家居中广泛用到。

材料**大比拼**

种 类		制作工艺	特 点	适用范围
PVC 涂层 壁纸		以纯纸、无纺布、纺布等为基材，在基材表面喷涂 PVC 糊状树脂，再经印花、压花等工序加工而成	经过发泡处理后可以产生很强的三维立体感，并可制作成各种逼真的纹理效果，如仿木纹、仿锦缎、仿瓷砖等，有较强的质感和较好的透气性	能够较好地抵御油脂和湿气的侵蚀，可用在厨房和卫浴
PVC 胶面 壁纸		在纯纸底层或无纺布、纺布底层上覆盖一层聚氯乙烯膜，经复合、压花、印花等工序制成	印花精致、压纹质感佳、防水防潮性好、经久耐用、容易维护保养	目前最常用、用途最广的壁纸，可广泛应用于所有的家居空间

选购**小常识**

1. 检查环保性 一般在选购时，可以简单地用鼻子闻一下壁纸有无异味，如果刺激性气味较重，证明含甲醛、氯乙烯等挥发性物质较多。此外，还可以将小块壁纸浸泡在水中，一段时间后，闻一下是否有刺激性气味挥发。

2. 看表面 看 PVC 壁纸表面有无色差、死褶与气泡。最重要的是必须看清壁纸的对花是否准确，有无重印或者漏印的情况。一般好的 PVC 壁纸看上去自然、有立体感。此外，还可以用手感觉壁纸的厚度是否一致。

3. 检查壁纸的耐用性 可以通过检查它的脱色情况、耐脏性、防水性以及韧性等来判断。检查脱色情况，可用湿纸巾在 PVC 壁纸表面擦拭，看是否有掉色情况。检查耐脏性，可用笔在表面划一下，再擦干净，看是否留有痕迹。检查防水性，可在壁纸表面滴几滴水，看是否有渗入现象。

材料**搭配秘诀**
—◆— material collocational tips —

发散型图案的 PVC 壁纸扩大居室空间感

发散性图案能够造成膨胀感，这种类型的图案壁纸能从视觉上达到扩大空间的效果，从而为小居室带来舒展的空间。

CONSTRUCTION TIPS

① PVC 壁纸在铺贴之前，要处理好墙面漏水、壁癌等问题。另外，由于壁纸施工通常是各项工种的最后一道手续，必须各工种都退场之后才能施作，否则很可能因为木作碎屑等，破坏壁纸的平整度，出现凸起等瑕疵。

② PVC 壁纸的接缝处应位于不易察觉的地方，在施工时应处理得当。若光源从侧面进入，会令接缝处变明显，因此在贴壁纸前应做好放样，将灯光安装好。

▲ 花鸟图的 PVC 壁纸纹路清晰，增添客厅的文雅感

纯纸壁纸
手感好，色彩饱和度高

材料速查：

① 纯纸壁纸不含 PVC 壁纸的化学成分，用水性颜料墨水便可以直接打印，打印图案清晰细腻，色彩还原好，可防潮、防紫外线。

② 纯纸壁纸价格较昂贵且稀有，并且纯纸壁纸不耐湿。

③ 纯纸壁纸的风格多倾向于小清新的田园风格和简约风格。

④ 纯纸壁纸可以应用于客厅、餐厅、卧室、书房等空间，不适用于厨房、卫浴等潮湿空间。另外，纯纸壁纸环保性强，所以特别适合对环保要求较高的儿童房和老人房使用。

⑤ 纯纸壁纸的价格为 200~600 元 / m^2，比 PVC 壁纸的价格略高。

纯纸壁纸的类别及特点

种类	特点
原生木浆纸	以原生木浆为原材料，经打浆成型，表面印花。韧性相对比较好，表面相对较为光滑
再生纸	以可回收物为原材料，经打浆、过滤、净化处理而成，该类纸的韧性相对比较弱，表面多为发泡或半发泡

选购**小常识**

1. 看光滑度　手摸纯纸壁纸需感觉光滑，如果有粗糙的颗粒状物体则并非真正的纯纸壁纸。

2. 闻味道　纯纸壁纸有清新的木浆味，如果存在异味或无气味则并非纯纸；纯纸燃烧产生白烟，无刺鼻气味，残留物均为白色。

3. 做滴水试验　纸质有透水性，在壁纸上滴几滴水，看水是否透过纸面；真正的纯纸壁纸结实，不因水泡而掉色，取一小部分泡水，用手刮壁纸表面看是否掉色。

4. 注意购买同一批次的产品　即使色彩图案相同，如果不是同一批生产的产品，颜色可能也会出现一些偏差，在购买时往往难察觉，直到贴上墙才发现。

施工小贴士

CONSTRUCTION TIPS

① 纯纸壁纸的施工与 PVC 壁纸基本相同，但纯纸壁纸更重视壁面的平整度。由于墙面的缝隙、孔洞有很多是肉眼无法辨别的，所以要事先处理墙面的凹洞、裂缝，才能延长壁纸的寿命。纯纸壁纸会因上浆前后及厚薄，影响吸收水分的速度，造成不同程度的胀缩而影响对花的准确性。

② 纯纸的壁纸耐水性相对比较弱，施工时表面最好避免溢胶，如不慎溢胶，不要擦拭，而应使用干净的海绵或毛巾吸收。如果用的是纯淀粉胶，可等胶完全干透后用毛刷轻刷。

材料**搭配秘诀**
------ material collocational tips ------

纯纸壁纸打造清新田园范儿

纯纸壁纸特别适合对环保要求较高的卧室中使用。其自然甜美的色调能够令卧室更具田园气息。

▼ 纯纸壁纸粘贴墙面可以令卧室更加贴近自然

金属壁纸
具有金属质感的装饰效果

材料速查：

① 金属壁纸即在产品基层上涂上一层金属，质感强，极具空间感，可以让居室产生奢华大气之感，属于壁纸中的高档产品。

② 金属壁纸在家居装饰中不适合大面积使用，与家具、装饰搭配需要较强的设计感。

③ 冷调的金属壁纸和后现代风格较为搭配，而金色的金属壁纸则适用于欧式古典风格及东南亚风格的居室。

④ 金属壁纸在家居空间中适合小面积用于墙面或顶面，尤其适合局部装饰客厅主题墙。

⑤ 金属壁纸的价格较高，一般为 200~1500 元 /m²，适合高档装修的家居空间。

金属壁纸的种类多样

最为常见的金属壁纸是仿金属质感的壁纸。有光面的、拉丝的以及压花的，这种不太适合大面积用于家居空间中，效果过于华丽。另外，有一种金箔壁纸，这种款式并不是大金、大银，只是部分印花采用金箔材质，可适当扩大使用面积。

各种类型的金属壁纸

材料**大比拼**

种 类	特 点
金箔壁纸	金箔壁纸是一种特殊、高档、豪华的手工墙纸。将金属通过十几道特殊工艺，捶打成薄片，然后经手工贴饰于原纸表面，再经过各种印花等加工处理，最终制成金箔壁纸
银箔壁纸	银箔壁纸的制作工艺与金箔壁纸相同，唯一的差别在于银金属的使用量较多。它的特点是给人金碧辉煌、庄重大方的感觉，适合气氛浓烈的场合，整片地用于墙面可能会流于俗气，但适当地加以点缀就能不露痕迹地带出一种炫目和前卫

选购**小常识**

1.看类别 由于金属壁纸是将金、银、铜、锡、铝等金属经特殊处理后，制成薄片贴饰于壁纸表面，因此在购买时要能够鉴别不同种类的金属壁纸。

2.看表面 仔细观察金属壁纸的表面，查看是否有刮花、漆膜分布不均的现象。

CONSTRUCTION TIPS

① 金属壁纸表面光滑，容易反光，底层的凹凸不平、细小颗粒都会一览无余，因此对墙面要求较高，光滑平整的墙面是裱糊的基本条件。金属类壁纸表面带有的一层金箔或锡箔，会导电，因此特别要小心避开电源、开关等带电线路。

② 因壁纸胶内含有水分，溢胶后再擦除，同样有造成壁纸表面氧化的可能性。故应使用机器上胶，并正确使用保护带。也可以考虑采用墙面上胶的方法进行施工。

③ 施工接缝处尽量使用压辊压合，不要用刮板、毛巾等。因其金属特性，所以不可用水或湿布擦拭，以避免壁纸表面发生氧化而变黑。

◀ 金属壁纸漆膜均匀

Designer 设计师 微课堂

沈 健

苏州周晓安空间装饰设计有限公司设计师

金属壁纸的优缺点

优点： 金属光泽的冷调，简约中带有奢华，闪亮的高贵质感，与质朴的纸质混搭，更增添空间墙面的层次感和立体感。

缺点： 这类壁纸构成的线条颇为粗犷，若是用于整片墙面将有点俗气，很难与家庭家具、装饰进行搭配，但适当合理的点缀又将带给人们一种前卫与炫目之感。通常用于高档酒店、办公室等一些高级场所。

▲ 金属壁纸纹理清晰、立体感十足，与射灯搭配得恰到好处，令空间呈现出金碧辉煌的视觉效果

材料**搭配秘诀**
———— material collocational tips ————

采用混搭手法令金属壁纸在家居空间中更显高贵感

金属壁纸构成的线条颇为粗犷，若是用于整个墙面，会有俗气之感，很难与家具、装饰进行搭配，但适当点缀又会给居室带来一种前卫与炫目之感。金属壁纸在家居中的运用，可采用混搭手法，其奢华、闪亮的高贵质感，与质朴的涂料或 PVC 壁纸搭配，都可以增添空间墙面的层次感和立体感，但需注意比例上的搭配，若要达到最佳的视觉层次效果，必须在室内灯光的装设位置和角度上做变化。

▲ 银箔壁纸与棕色实木搭配平衡了空间的炫目感

金箔壁纸易于表现空间的奢华设计感

相比较其他类壁纸，金箔壁纸更多地会设计在吊顶当中，并且是搭配欧式古典风格共同出现的。在设计好的石膏板吊顶的内部，粘贴金箔壁纸，可以是平面粘贴，也可以是随着凹凸造型的粘贴，完全地将吊顶展露出来，成为空间的主要设计点。

▲ 金箔壁纸的吊顶奢华大气，展现出空间的高贵奢华感

木纤维壁纸
使用寿命长，易清洗

材料速查：

① 木纤维壁纸有相当卓越的抗拉伸、抗扯裂强度（是普通壁纸的 8~10 倍），其使用寿命比普通壁纸长。

② 木纤维壁纸和大多数壁纸一样，施工时对墙面的平整度要求较高。

③ 木纤维壁纸的花色繁多，适用于各种风格的家居，尤其适用于充满自然气息的田园风格。

④ 木纤维壁纸不仅环保，其防水性和防火性能也较高，因此适用于家居中的任何空间。

⑤ 木纤维壁纸的价格为 150~1000 元 /m^2，可以根据预算选择适合的品种。

木纤维壁纸经久耐用可水洗

木纤维壁纸是生活中经常使用的，由木浆聚酯合成，采用亚光型光泽，柔和自然，易与家具搭配，花色品种繁多；对人体没有任何化学侵害，透气性能良好，墙面的湿气、潮气都可透过壁纸；长期使用，不会有憋气的感觉，是健康家居的首选。它经久耐用，可用水擦洗，更可以用刷子清洗。

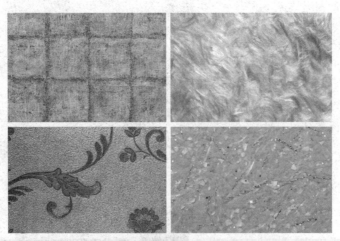

木纤维壁纸带有明显的纤维效果

选购**小常识**

1. 闻气味 翻开木纤维壁纸的样本，凑近闻其气味，木纤维壁纸散发出的是淡淡的木香味，几乎闻不到气味，如有异味则绝不是木纤维。

2. 做滴水试验 在木纤维壁纸背面滴上几滴水，看是否有水汽透过纸面，如果看不到，则说明这种壁纸不具备透气性能，绝不是木纤维壁纸。

3. 用水泡一下 把一小部分木纤维壁纸泡入水中，再用手指刮壁纸表面和背面，看其是否褪色或泡烂。真正的木纤维壁纸特别结实，并且因其染料为天然成分，所以不会因为水泡而脱色。

施工小贴士

CONSTRUCTION TIPS

① 对墙面的处理和要求：墙面必须平整无凹凸及无污垢或剥落等不良状况；墙面颜色均匀一致，平滑、清洁、干燥，阴阳角垂直；墙面应做防潮处理；壁纸施工前应对墙面进行质量验收，以确保墙面符合要求

② 保持双手的清洁，一定要均匀上胶，不要污染壁纸表面，溢出要立即用海绵或毛巾吸除。用毛刷轻轻赶出气泡，不可太用力，以免破坏壁纸表面。保持墙面涂胶均匀，接缝处用软质压轮小心压平，以免壁纸翘边。施工完毕必须关好门窗，夏季保持 24~36 小时，冬季保持 48~60 小时，让壁纸胶自然阴干。

材料**搭配秘诀**
—— material collocational tips ——

竖条纹木纤维壁纸突出空间的理性色彩

想体现空间的理性化色彩，最好的选择是竖条纹木纤维壁纸。不论是粘贴在卧室中，还是客厅中，很容易展现出空间的线性美感。再搭配合适的吊顶设计及家具等，可使空间增添无穷的设计变化。

◀ 带有竖条纹的木纤维壁纸色彩淡雅柔和，天然的纤维纹路搭配古朴的水墨山水画，令视觉更为舒适

壁贴
图案多样，省钱便利

材料速查：

① 壁贴具有出色的装饰效果，使用非常便捷，局部装点即可改变空间的氛围，还可以自由发挥创意，随意组合。

② 并非所有的壁贴都可以自己操作，一些复杂且细致的高级壁贴需要由专业人员施作。

③ 壁贴具有多样化特征，可以根据家居风格任意选择，尤其适合现代风格和简约风格的家居。

④ 壁贴适用于家居空间的墙面装饰，但对底材有所要求，通常适合粘贴在乳胶漆墙面、瓷砖表面、玻璃表面、木质表面、塑料表面及金属表面。

⑤ 壁贴的价格为 50 ~ 1000 元 / 组，价格差异较大，不同装修档次的家居可以选择对应的价位。

常见墙贴材料特性

1. 纸底胶面墙贴　底纸为白硅纸，表面为 PET、PC 等透明材质的壁艺贴，是使用越来越广泛的材料，具有哑光、环保、色彩鲜明、图案丰富、耐脏、耐擦洗等特性。

2. 胶黏剂墙贴　贴于玻璃、瓷砖、木质或金属表面后，再次剥离时，没有胶水残留或者胶水未出现破损现象，而贴纸能进行再次有效粘贴。好的墙贴一般反复粘贴 5 次以上后黏性才会减弱。

各类图案壁贴的粘贴效果

选购**小常识**

1. **看色泽**　选购时，目测壁贴的印刷套色是否准确，以及颜色是否鲜艳。

2. **闻味道**　打开壁贴的包装后，在 10~15 cm 的距离内，是否会闻到某些特殊的刺鼻气味。

3. **看粘贴性**　通常质量好的壁贴，其胶水的特性是初粘感觉不强，但是贴上去几分钟后，不会起边、起翘，而是非常平整的贴于平面。如果在 1 个小时之内，没有起边、起翘现象，基本认为壁贴的黏性达标。

CONSTRUCTION TIPS

① 壁贴不适合用在不平整的墙面、壁纸墙面以及掉落粉尘的墙面。粘贴壁贴时，必须令贴合面干净、平整，建议用湿布擦干净要贴合的地方，待干燥后，再将壁贴粘贴上去。

②若不小心贴歪了，或有浮起、凹凸的感觉，会影响整体美观，这时可以将壁贴撕下来重贴，好的壁贴一般反复粘贴 5 次后黏性才会减弱。

材料**搭配秘诀**
—◆— material collocational tips —

千变万化的壁贴搭配带来多样化的家居环境

壁贴的种类非常多，可以用来替代彩色手绘，而且更换起来非常方便，完全可以形成独有的个性，加入自己的想法，变换位置、变换角度等。

▲ 壁贴与灯具的结合使空间充满了奇幻的色调

潮流新建材

植绒壁纸
质感清晰，密度均匀

材料速查：

① 植绒壁纸质感清晰、触感细腻、密度均匀、牢度稳定及全环保。既有植绒布所具有的美感和极佳的消音、防火、耐磨特性，又具有一般装饰壁纸所具有的容易粘贴在建筑物如室内墙面的特点。

② 大多植绒壁纸局限于单色植绒工艺。

③ 植绒壁纸有植绒布所具有的美感和极佳的消音、防火、耐磨特性，因此常用于卧室中。

④ 植绒壁纸的价格为 200~800 元 / m^2，根据工艺的不同，价格差异较大，一般定位双色、多色植绒壁纸价格相对高些。

挑选植绒壁纸时应避免文字陷阱

目前市场的植绒壁纸主要都是所谓的发泡材质，虽然和真正的植绒壁纸在质感上非常相似，但是其在工艺上却有着本质的差别。真正的植绒壁纸是用静电植绒法将合成纤维短绒黏结在纸基上而成。而现在很多在市场上销售的所谓"植绒"壁纸，只是在 PVC 壁纸或者无纺布壁纸中加入发泡剂，而在壁纸表面经发泡后形成的绒面。

经典植绒壁纸，绒感明显、立体

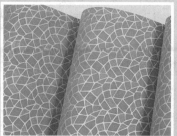

发泡植绒壁纸，没有明显的绒感

选购**小常识**

1. 看色泽　含绒量是判定植绒壁纸质量优劣的重要指标，在购买之前可以先通过各种渠道了解这一标准信息后，再一一比对进行购买。

2. 检查是否使用发泡剂　现在市面上销售的很多所谓的植绒壁纸，只是在 PVC 墙纸或者无纺布墙纸中加入发泡剂，而在墙纸表面经发泡后形成的绒面。这样的墙纸表面看上去没有真正的绒面。

3. 选择正规品牌　为了保证所购买的植绒壁纸的质量，建议选择正规品牌的厂家，大型厂家的生产设施比较有保证，尤其是植绒墙纸在生产过程中需要进行静电植绒操作，而一些无名厂家或小作坊大多是使用发泡剂进行生产的。

材料**搭配秘诀**
—◆— material collocational tips —◆—

立体的绒面印花效果为卧室带来层次感

植绒壁纸的立体感比其他任何壁纸都要出色，绒面带来的图案令卧室更具独特，这种立体的材质同时还能增加壁纸的质感，得到完全不同于纸质品的特殊视觉效果。

CONSTRUCTION TIPS

① **撕壁纸**。把房间可以移动的靠墙家具移开，至足够一人站进去；掀开某一个接缝处或角落，把 PVC 层剥离出来，然后先慢慢撕开一点，再逐渐扩大撕开的范围，直到把墙面上所有壁纸的表层都撕下来。

② **去除壁纸底层**。拿一桶清水，用滚筒把所在墙壁刷一遍水，过 1 小时左右，就会有很多纸直接从墙壁上掉下来了，没掉的，可以用手轻轻撕下来。

③ **贴壁纸**。按正确步骤重新贴上自己喜欢的壁纸；这样整个过程下来，只需 1 ~ 2 天就可以完成壁纸更换目标，获得一个焕然一新的家。

▼ 立体的植绒壁纸令卧室充满温暖

玻 璃

随着时代的发展，室内的玻璃材料也以工艺美术手法使现实、情感和理想得到再现，其别具一格的造型，丰富亮丽的图案，灵活变幻的纹路，或古老的东方韵味，或西方的浪漫情怀，创造出一种赏心悦目的和谐气氛。

烤漆玻璃
环保、健康，适合现代风格

材料速查：

① 烤漆玻璃使用环保涂料制作，环保、安全，具有耐脏耐油、易擦洗、防滑性能强等优点。

② 烤漆玻璃若涂料附着性较差，则遇潮易脱漆。

③ 烤漆玻璃作为具有时尚感的一款材料，最适合表现简约风格和现代风格，而根据需求定制图案后也可用于混搭风和古典风。

④ 烤漆玻璃的运用广泛，可用于制作玻璃台面、玻璃形象墙、玻璃背景墙、衣柜柜门等。

⑤ 烤漆玻璃的价格为 60~300 元 /m²，钢化处理的烤漆玻璃要比普通烤漆玻璃贵。

烤漆玻璃的种类

烤漆玻璃根据制作的方法不同，一般分为：油漆喷涂玻璃和彩色釉面玻璃。油漆喷涂的玻璃，刚用时色彩艳丽，多为单色或者用多层饱和色进行局部套色。常用在室内，在室外时，经风吹、雨淋、日晒之后，一般都会起皮脱漆。彩色釉面玻璃可以避免以上问题，但低温彩色釉面玻璃会因为附着力问题出现划伤、掉色现象。

油漆喷涂玻璃

彩色釉面玻璃

选购**小常识**

1. 看色差 透明或白色的烤漆玻璃并非完全是纯色或透明的，而是带有些许绿光，所以要注意玻璃和背后漆底所合起来的颜色，才能避免色差的产生。

2. 看色彩 品质好的烤漆玻璃正面看色彩鲜艳、纯正均匀，亮度佳、无明显色斑。

3. 看背面漆膜 品质好的烤漆玻璃，背面漆膜十分光滑，没有或者有很少的颗粒突起，没有漆面"流泪"的痕迹。

4. 看厚度 根据不同用途，选购烤漆玻璃的厚度有所区别，用于厨卫壁面的首选厚度是 5 mm，若做轻间隔或餐桌面，则建议选购 8~10 mm 厚的烤漆玻璃。

CONSTRUCTION TIPS

① **安装开孔方法。** 壁面烤漆玻璃安装完成后是无法再钻洞开孔的，因此必须丈量插孔座、螺丝孔位置，开孔完成后再整片安装。另外，安装厨房烤漆玻璃壁面时，若壁面上已有抽油烟机等，必须先拆除才能安装。因此要考虑安装顺序，先安装壁柜、烤漆玻璃，再安装油烟机、水龙头等。

② **粘贴方法。** 粘贴柜面、门板烤漆玻璃时要保持表面干燥与清洁，先以甲苯等溶剂清洗干燥后，粘贴才会更平整。

材料**搭配秘诀**
—————— material collocational tips ——————

运用烤漆玻璃为厨房环境"争光"

如果厨房的自然光线不是很理想，整体橱柜的门板可以用具有反光效果的烤漆玻璃，从而达到美化家居、扩大空间感的作用。

▼ 烤漆玻璃反光性较弱，大面积使用也不会引起眩晕

镜面玻璃
装饰效果强，放大空间

材料速查：

① 为提高装饰效果，在镜面玻璃镀镜之前可对原片玻璃进行彩绘、磨刻、喷砂、化学蚀刻等加工，形成具有各种花纹图案或精美字画的镜面玻璃。

② 镜面玻璃相较于其他品种的玻璃在价格上较为昂贵。

③ 镜面玻璃最适用于现代风格的空间，不同颜色的镜片能够体现出不同的韵味，营造或温馨、或时尚、或个性的氛围。

④ 镜面玻璃常用于家居空间中的客厅、餐厅、玄关等公共空间的局部装饰。

⑤ 镜面玻璃的价格大致为 150~280 元 /m²。

材料大比拼

种类		制作工艺	价格
黑镜		非常个性，色泽神秘、冷硬，不建议大面积使用，适合用于现代、简约风格的室内空间中	160 元 / m²
灰镜		特别适合搭配金属使用，不同于黑镜，即使大面积使用也不会过于沉闷，适合用于现代、简约风格的室内空间中	200 元 / m²
茶镜		给人温暖的感觉，适合搭配木纹饰面板使用，可用于各种风格的室内空间中	200 元 / m²
彩镜		色彩较多，包括红镜、紫镜、酒红镜、蓝镜、金镜等，反射效果弱，可做局部点缀使用，不同色彩适合不同风格	200~280 元 / m²

选购**小常识**

1. **查看表面** 查看镜面玻璃的表面是否平整、光滑且有光泽。

2. **看透光率和厚度** 镜面玻璃的透光率大于 84%，厚度为 4~6 mm，选购时应确认是否达标。

3. **看背面漆膜** 品质好的镜面玻璃，背面漆膜十分光滑，没有或者有很少的颗粒突起，没有刮伤的痕迹。

材料**搭配秘诀**
—— material collocational tips ——

茶色玻璃令客厅更加开阔

镜面玻璃能够折射光线，从视觉上起到扩大空间感的作用。其中茶色玻璃适合与木制品搭配应用到客厅中，令空间更加优美开阔。

CONSTRUCTION TIPS

① 有的基层材料不适合直接粘贴镜面玻璃，包括轻钢龙骨架的天花板、发泡材质、硅酸钙板及粉墙。若直接将镜面玻璃粘贴在浴室墙面上，则要特别注意基层的防水。

② 将镜面玻璃贴在柜子上时，若柜体表面使用的是酸性涂料，会加速镜片的氧化，缩短使用年限。

▲ 茶色玻璃更适合展现新欧式风格的奢华感

钢化玻璃
可保障使用安全

材料速查：

① 钢化玻璃的安全性能好，有均匀的内应力，破碎后呈网状裂纹，各个碎块不会产生尖角，不会伤人。其抗弯曲强度、耐冲击强度是普通平板玻璃的 3~5 倍。

② 钢化玻璃不能进行再切割和加工，温差变化大时有自爆（自己破裂）的可能性。

③ 钢化玻璃常用于现代风格、后现代风格及混搭风格的家居设计中。

④ 钢化玻璃多用于家居中需要大面积玻璃的场所，如玻璃墙、玻璃门、阳台栏杆处等。

⑤ 钢化玻璃的价格一般大于或等于 130 元 / m^2。

钢化玻璃推拉门既清爽又易于清洗

虽然推拉门的设计材料丰富，但钢化玻璃无疑是其中最受欢迎的材料，这种材料不仅可以让光线穿透，也不妨碍视觉的延伸，并且独具质感和氛围。此外，钢化玻璃还非常容易清洗，对于现代忙碌的家庭来说非常省心。

▲ 钢化玻璃推拉门给空间带来极致简洁感

选购**小常识**

1. 看色斑　戴上偏光太阳眼镜观看玻璃，钢化玻璃应该呈现出彩色条纹斑。在光的下侧看玻璃，钢化玻璃会有发蓝的斑。

2. 测手感　钢化玻璃的平整度会比普通玻璃差，用手使劲摸钢化玻璃表面，会有凹凸的感觉。

3. 看弧度　观察钢化玻璃较长的边，会有一定弧度。把两块较大的钢化玻璃靠在一起，弧度将更加明显。

4. 提前预订　钢化后的玻璃不能进行再切割和加工，因此玻璃只能在钢化前就加工至需要的形状，再进行钢化处理。若计划使用钢化玻璃，则需测量好尺寸再购买，否则容易造成浪费。

材料**搭配秘诀**
—— material collocational tips ——

钢化玻璃与白漆木框结合更具欧式韵味

　　钢化玻璃一般不做过于复杂的花纹形式，单独使用难免显得单调，尤其是用于欧式风格的客厅中，以白漆木框搭配使用，会更显欧式韵味。

施工小贴士

CONSTRUCTION TIPS

　　① **注意测量尺寸**。钢化玻璃门在施工时需注意玻璃的安装尺寸应从安装位置的底部、中部、顶部进行测量，选择最小尺寸为玻璃板宽度的切割尺寸。如果在上、中、下测得的尺寸一致，其玻璃宽度的裁割应比实测尺寸小 3 ~ 5 mm。玻璃板裁割后，应将其四角做倒角处理，倒角宽度为 2 mm，如若在现场自行倒角，应手握细砂轮块做缓慢细磨操作，防止崩边崩角。

　　② **安装技巧**。安装钢化玻璃隔断墙时应在施工时根据设计需求按玻璃的规格安装在小龙骨上，用压条安装时应先固定玻璃一侧的压条，并用橡胶垫垫在玻璃下方，再用压条将玻璃固定；用玻璃胶直接固定玻璃时，应将玻璃安装在小龙骨的预留槽内，然后用玻璃胶封闭固定。

▼ 白漆木框与钢化玻璃结合，衬托出空间的干净、雅致

艺术玻璃
款式多样，可定做

材料速查：

① 艺术玻璃的款式多样，具有其他材料没有的多变性。

② 艺术玻璃如需定制，则耗时较长，一般需 10~15 天。

③ 艺术玻璃的运用广泛，可以用于家居空间中的客厅、餐厅、卧室、书房等空间；从运用部位来讲，则可用于屏风、门扇、窗扇、隔墙、隔断或者墙面的局部装饰。

④ 艺术玻璃根据工艺难度不同，价格高低比较悬殊。一般来说，100 元 / m² 的艺术玻璃多属于 5 mm 厚批量生产的划片玻璃，不能钢化，图案简单重复，不适宜作为主要点缀对象；主流的艺术玻璃价位在 400~1000 元 / m²。

材料**大比拼**

种 类		特 点	适用空间
L E D 玻 璃		一种 LED 光源与玻璃完美结合的产品，有红、蓝、黄、绿、白 5 种颜色，可预先在玻璃内部设计图案或文字	多用于家居空间的隔墙装饰
压 花 玻 璃		表面有花纹图案，可透光，但却能遮挡视线，具有透光不透明的特点，有优良的装饰效果	主要用于门窗、室内间隔、卫浴等处
雕 刻 玻 璃		立体感较强，可以做成通透的或不透的，所绘图案一般都具有个性创意	适合别墅等豪华空间做隔断或墙面造型

续表

种　类	特　点	适用空间
夹层玻璃	安全性好，破碎时，玻璃碎片不零落飞散，只能产生辐射状裂纹，不伤人。抗冲击强度优于普通平板玻璃	多用于与室外接壤的门窗
镶嵌玻璃	能体现家居空间的变化，可以将彩色图案的玻璃、雾面朦胧的玻璃、清晰剔透的玻璃任意组合，再用金属丝条加以分隔	广泛应用于家庭装修中
彩绘玻璃	可逼真地对原画进行复制，而且画膜附着力强，可擦洗。根据室内的需要，选用彩绘玻璃，可将绘画、色彩、灯光融于一体	根据图案的不同，适用于家居装修的任意部位
砂面玻璃	由于表面粗糙，使光线产生漫射，透光而不透视，它可以使室内光线柔和而不刺目	常用于需要隐蔽的空间，如卫浴的门窗及隔断
冰花玻璃	冰花玻璃对通过的光线有漫射作用，如做门窗玻璃，犹如蒙上一层纱帘，看不清室内的景物，却有着良好的透光性能，具有较好的装饰效果。	常用于家居隔断、屏风以及卫浴的门窗
砂雕玻璃	各类装饰艺术玻璃的基础，它是流行时间最广、艺术感染力最强的一种装饰玻璃，具有立体、生动的特点	可用于家庭装修中的门窗、隔断、屏风
水珠玻璃	水珠玻璃也叫肌理玻璃，使用周期长，可登大雅之堂，它以砂雕玻璃为基础，借助水珠漆的表现方法加工成形似热熔玻璃的一种新款的艺术玻璃	可用于家庭装修中的门窗、隔断、屏风

选购**小常识**

1. 看厚度 选购时最好选择钢化的艺术玻璃，或者选购加厚的艺术玻璃，如 10 mm、12 mm 等，以降低破损概率。

2. 看图案 客制化的艺术玻璃并非标准产品，尺寸、样式的挑选空间很大，有时也没有完全相同的样品可以参考，因此最好到厂家挑选，找出类似的图案样品参考，才不会出现想象与实际差别过大的状况。

CONSTRUCTION TIPS

① 艺术玻璃多为立体，因此在安装时留框的空间要比一般玻璃略大些，安装时才会较为顺利；另外，因其有更多的立体表现部分，因此在安装时要仔细检查，细看每个立体部分有无破损，整体、边角是否完整。

② 艺术玻璃未经强化处理，所以安装地点最好固定，不要经常挪动，这样才能兼顾艺术设计与居家安全性。

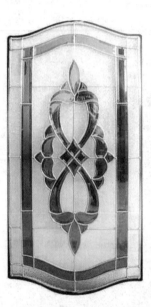

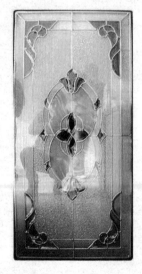

艺术玻璃的纹样

材料**搭配秘诀**

—— material collocational tips ——

黄色系艺术玻璃增强进餐食欲

　　黄色系的艺术玻璃可小面积镶嵌在餐厅的墙面上，其亮丽的花纹和美观的色彩有促进食欲的功效，同时也令餐厅更具艺术气息。

▶ 黄色艺术玻璃与石膏板结合更显精致

印花玻璃与软包造型搭配更显品质

　　白色系的印花玻璃通透明亮与棕色的软包墙面可形成强烈的对比，巨大的视觉反差可令空间的层次更多。

潮流新
建 材

玻璃砖
环保、隔热，做隔墙的好材料

材料速查：

① 玻璃砖是一种隔声、隔热、防水、节能、透光良好的非承重装饰材料。

② 玻璃砖最大的缺点为抗震性能差。

③ 玻璃砖分为无色和彩色，均适用于现代风格，其中彩色玻璃砖还适用于田园风格、混搭风格等。

④ 多数情况下，玻璃砖并不作为饰面材料使用，而是作为结构材料，作为墙体、屏风、隔断等类似功能设计的材料使用。

⑤ 中国、印尼、捷克生产的无色玻璃砖约为 20 元 / 块，德国、意大利生产的约 30 元 / 块；彩色玻璃砖以德国、意大利进口为主，约为 50 元 / 块，特殊品种则约 100 元 / 块。

空心玻璃砖可独立组成墙体

空心玻璃砖是一种隔声、隔热、防水、节能、透光良好的非承重装饰材料。它是由两块厚度约为 1 cm 的玻璃合制而成的，中间有约为 6 cm 的中空空间，在采光上，清玻璃的透光率为 75%，彩色玻璃的透光率为 50%，可隔绝室外温度为 50%，可降低噪声达 45 dB 左右。可依照尺寸的变化在家中设计出直线墙、曲线墙以及不连续墙。

彩色玻璃砖

无色玻璃砖

选购**小常识**

1. 看纹样和色彩　通过观察玻璃砖的纹路和色彩可以简单地辨别出玻璃砖的产地，意大利、德国进口的产品因细砂品质佳，会带一点淡绿色；从印尼、捷克进口的产品感觉比较苍白。

2. 看工艺　玻璃砖的外观不允许有裂纹，玻璃坯体中不允许有不透明的未熔物，不允许两个玻璃体之间的熔接及胶接不良。

3. 看角度　玻璃砖大面外表的面里凹应小于 1 mm，外凸应小于 2 mm，重量应符合质量标准，无表面翘曲及缺口、毛刺等质量缺陷，角度要方正。

材料**搭配秘诀**

—————▶—— material collocational tips ————

玻璃砖墙体既美观又保证通透性

在家居中常用玻璃砖墙作为隔墙，既能分隔大空间，同时又保持了大空间的完整性，既达到遮挡效果，又能保持室内的通透感。

▲ 玻璃砖给空间带来光亮感，而且防水防潮，易于打理，适合用在卫生间的隔断中

施工
小贴士

CONSTRUCTION TIPS

① **槽口。**玻璃砖分隔墙顶部和两端应用金属型材，其槽口宽度应大于砖厚度 10~18 mm。当隔断长度或高度大于 1.5 m 时，在垂直方向每两层设置一根钢筋（当长度、高度均超过 1.5 m 时，设置两根钢筋）；在水平方向每隔三个垂直缝设置一根钢筋。

② **缝隙。**玻璃分隔墙两端与金属型材两翼应留有宽度不小于 4 mm 的滑缝，缝内用油毡填充；玻璃分隔板与型材腹面应留有宽度不小于 10 mm 的胀缝，以免玻璃砖分隔墙损坏。

③ **铺设。**玻璃砖在铺设时必须请专业的师傅进行施工，以块计价，可以使用一般黏着剂、填缝剂（如水泥），每块工钱 10~20 元。

潮流新建材

琉璃玻璃
定制的独有效果

材料速查:

① 琉璃玻璃流光溢彩、变幻瑰丽，装饰效果强，有别具一格的造型感。

② 价格较贵，适合小面积使用。

③ 琉璃玻璃属于近年来新兴的一种建材，多被用于室内装饰中，可以用在屏风、门板、门把手、窗户、桌椅甚至是天花板、地板、隔墙等地方，局部使用能够起到点睛的作用。

④ 较常见的尺寸为：100 mm×300 mm、200 mm×200 mm、300 mm×300 mm、600 mm×600 mm，其他尺寸需定做。价格根据图案和尺寸的不同差异较大。

琉璃玻璃与普通玻璃的区别

琉璃玻璃是玻璃原料加上氧化铅而成的"水晶玻璃"。玻璃料中加入不同种类和分量的金属氧化物就能呈现出不同的色彩，如加锰呈现紫色，加钴呈现绿色。

玻璃是一种非金属无机材料，在结构上是一种无机的热塑性聚合物，在高于 650 ℃时可以成形，冷却后具有透明、耐腐蚀、耐磨、抗压等特性。

琉璃玻璃具有高透光性

选购**小常识**

　　1. 查看表面　查看琉璃玻璃的表面是否平整、光滑，无破损和崩边。

　　2. 查看透光度　琉璃玻璃的色泽光润，图案美观。普通玻璃做的透光度不好，颜色之间都是一块一块的没融开，十分影响观赏效果。

▲ 琉璃玻璃灯

▲ 琉璃玻璃窗户

▲ 晶莹剔透、造型灵动的琉璃玻璃为空间增添华丽气息

漆及涂料

在居室中最能表现出色彩的地方是墙面。很多人在装修时往往忽略了墙面，认为刷上白色涂料就可以了，其实墙面完全可以更出彩，有颜色的墙面更容易配家具。

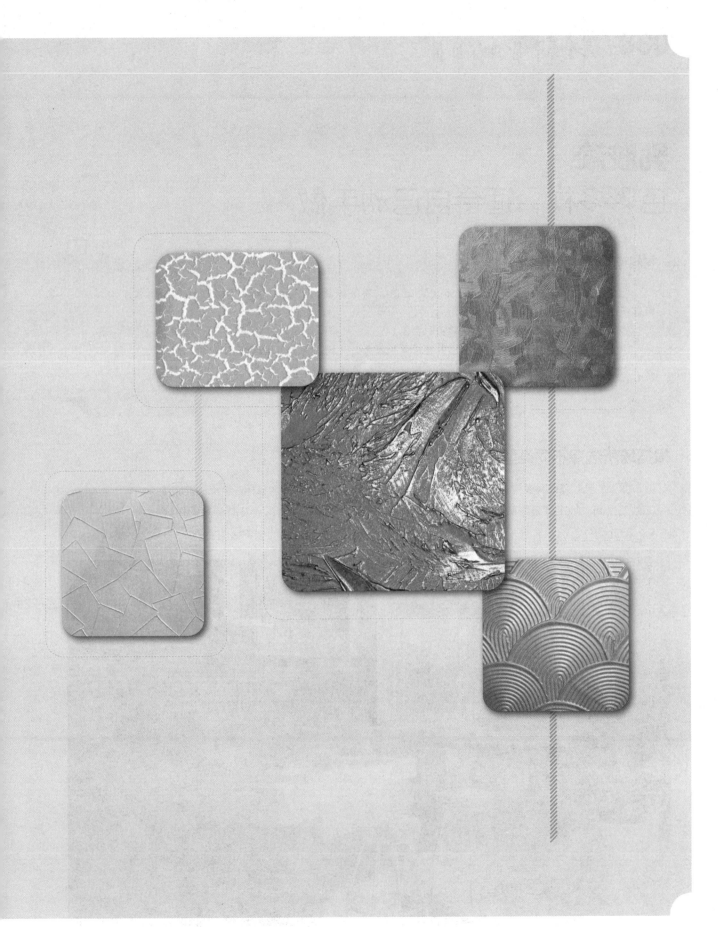

乳胶漆
色彩多样，适合自己动手做

材料速查：

① 乳胶漆具有无污染、无毒、无火灾隐患，易于涂刷、干燥迅速，漆膜耐水、耐擦洗，色彩柔和等优点。

② 乳胶漆的缺点为涂刷前期作业较费时费工。

③ 乳胶漆的色彩丰富，可以根据自身喜好调整颜色，涂刷出各种家居风格。

④ 乳胶漆的应用广泛，可用作建筑物外墙及室内空间中墙面、顶面的装饰。

⑤ 乳胶漆的价格差异较大，市面上的价格大致是 200 ~ 2000 元 / m²。

根据场所选择不同类型的乳胶漆

市面上的乳胶漆品种多样，很容易挑花眼，可以根据房间的不同功能选择相应特点的乳胶漆。

如卫生间、地下室最好选择耐真菌性较好的，而厨房、浴室选择耐污渍及耐擦洗性较好的产品。除此之外，选择具有一定弹性的乳胶漆，对覆盖裂纹、保护墙面的装饰效果有利。

▼ 防水性乳胶漆令空间呈现多彩面貌

选购**小常识**

1. 用鼻子闻·真正环保的乳胶漆应是水性、无毒、无味的，如果闻到刺激性气味或工业香精味，就应慎重选择。

2. 用眼睛看　放一段时间后，正品乳胶漆的表面会形成一层厚厚的、有弹性的氧化膜，不易裂；而次品只会形成一层很薄的膜，易碎，且具有辛辣气味。

3. 用手感觉　将乳胶漆拌匀，再用木棍挑起来，优质乳胶漆往下流时会成扇面形。用手指摸，正品乳胶漆应该手感光滑、细腻。

4. 耐擦洗　可将少许涂料刷到水泥墙上，涂层干后用湿抹布擦洗，高品质的乳胶漆耐擦洗性很强，而低档的乳胶漆只擦几下就会出现掉粉、露底的褪色现象。

施工小贴士

CONSTRUCTION TIPS

① 新房子的墙面一般只需要用粗砂纸打磨，不需要把原漆层铲除。

② 普通旧房子的墙面需要把原漆面铲除。方法是用水先把其表层喷湿，然后用泥刀或者电刨机把其表层漆面铲除。

③ 对于年代比较久远的旧墙面，若表面已经有严重漆面脱落，批荡面基层呈粉沙化情况的，需要把漆层和整个批荡铲除，直至见到水泥批荡或者砖层。然后用双飞粉和熟胶粉调拌打底批平。然后再涂饰乳胶漆，面层需涂 2 ~ 3 遍，每遍之间的间隔时间以 24 小时为佳。

材料**搭配秘诀**
—◆— material collocational tips —◆—

纯色涂料打造通透简约风客厅

　　涂料具有防腐、防水、耐光、耐温等功用，非常符合简约家居追求实用性的特点。用纯色涂料来装点简约家居，不仅能将空间塑造得十分干净、通透，同时又方便打理。

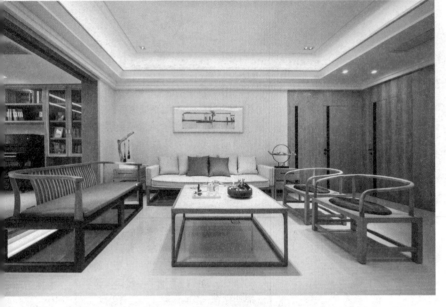

红色、米黄色乳胶漆适合中式风格

在中式风格的居室中，可以用红色或米黄色乳胶漆搭配古香古色的家具来表现其古典气质。

◀ 米黄色乳胶漆与黄色系实木饰面板，彰显出空间的大气之美

墙纸和乳胶漆两者混搭更具潮流气息

将壁纸和乳胶漆结合运用于整个空间，则可以局部穿插使用，以保证局部造型，如电视背景墙可用造型独特的壁纸突出自身个性，床头背景墙可选用特殊造型壁纸使其具有一定的朝气。

◀ 壁纸与彩色乳胶漆结合使用，能够体现视觉中心，比单独使用壁纸效果更加明显

中性色乳胶漆更易展现空间的时尚感

乳胶漆通过添加染色剂，可调节出各种各样的颜色，其中以中性色最具时尚感，且空间的色调看起来也更加温馨、舒适。中性色乳胶漆适合大面积地涂刷到墙面，甚至可以替代背景墙造型等，以突出空间的简约与时尚。

木器漆
让家具和地板更美观

材料速查:

① 木器漆可使木质材质表面更加光滑,避免木质材质直接被硬物刮伤或产生划痕;有效地防止水分渗入木材内部造成腐烂;有效防止阳光直晒木质家具造成干裂。

② 木器漆适用于各种风格的家具及木地板饰面。

③ 木器漆根据品质的区别,价格为 200~2000 元 / 桶。

材料**大比拼**

种 类	优 点	缺 点
硝基漆	干燥速度快,易翻新修复,配比简单,施工方便,手感好	环保性相对较差,容易变黄,丰满度和高光泽效果较难做出,容易老化
聚酯漆	硬度高、耐磨、耐热、耐水性好,干燥快,能耗低,丰满度好,施工效率高,涂装成本低,应用范围广	施工环境要求高,漆膜损坏不易修复,配漆后使用时间受限制,层间必须打磨,配比严格
水性木器漆	环保性相对较高,不易黄变,干速快,施工方便	施工环境要求温度不能低于5℃且相对湿度低于85%,全封闭工艺的造价会高于硝基漆、聚酯漆产品

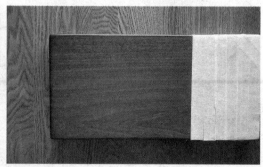

木器漆涂刷后的对比图

选购**小常识**

1. 看标识　溶剂型木器漆国家已有 3C 的强制规定，因此在市场购买时需关注产品包装上是否有 3C 标识。

2. 看稀释剂　选择聚氨酯木器漆的同时应注意木器漆稀释剂的选择。通常在超市购置的聚氨酯木器漆，其包装中包含主剂、固化剂、稀释剂。

3. 看类别　根据水性木器漆的分类，可结合自己经济能力进行选择，如需要价格低的，一般选择第一类水性漆；要是中档以上或比较讲究的装修，则最好用第二类或第三类水性漆。

材料**搭配秘诀**
—◆— material collocational tips —

天然木器漆提高古典家具的使用价值

天然木器漆俗称大漆，又有"国漆"之称。是古代建筑、古典家具（尤其是红木家具）、木雕工艺品等的理想涂饰材料，不仅能增加审美价值，而且能使家具更加经久耐用。

施工
小贴士

CONSTRUCTION TIPS

涂刷油漆时环境和涂刷工具必须清洁，操作人员应穿清洁的工作服，戴清洁的工作帽。环境湿度大于 85%、气温降至 5 ℃以下时，会延长干燥时间，会产生白雾或消光现象，因此应避免在此情况下施工；气温过高涂料干燥较快，但也会产生针孔或气泡，因此也应尽量避免高温施工。涂刷油漆宜薄不宜厚，可薄层多道进行；做多层涂装施工时，每遍涂刷应待下层干透后再施工，并且每遍都要打磨。

▲ 天然的红漆面家具使空间彰显中国风的古韵

金属漆
提高涂层的使用寿命

材料速查：

① 金属漆的漆膜坚韧、附着力强，具有极强的抗紫外线、耐腐蚀性和高丰满度，能全面提高涂层的使用寿命和自洁性。

② 金属漆的耐磨性和耐高温性一般。

③ 金属漆具有豪华的金属外观，并可随个人喜好调制成不同颜色，在现代风格、欧式风格的家居中得到广泛使用。

④ 金属漆品不仅可以广泛应用于经过处理的金属、木材等基材表面，还可以用于室内外墙饰面、浮雕梁柱异型饰面的装饰。

⑤ 金属漆根据品质的区别，价格一般是 50~400 元 / 桶。

根据场所选择不同类型的乳胶漆

金属漆一般有水性和溶剂型两种。水性漆虽然环保性较好，但金属粉末在水和空气中不稳定，常发生化学反应而变质，因此其表面需要进行特殊处理，致使用于水性漆中的金属粉价格昂贵，使用受到限制，目前的金属漆主要以溶剂型为主，根据漆基树脂的不同，溶剂型金属漆包括丙烯酸金属漆、氟碳金属漆等。

水性金属漆

丙烯酸金属漆

氟碳金属漆

种 类	特 点	价 格
金色金属漆	金属漆的表面呈金色，光泽明亮、艳丽，装饰效果精美	50~200 元/桶
银色金属漆	金属漆的表面呈银色，通常涂刷在新欧式家具的表面，以突出时尚感与高贵感	50~200 元/桶
造型金属漆	金属漆的表面有造型，如扇贝、花纹造型等，适合涂刷在平整的表面，以突出金属漆的整体效果	大于 120 元/桶
颗粒金属漆	颗粒金属漆是最常见的金属漆类型，虽表面有凹凸质感的颗粒状，触摸的感觉却很舒适，也可以一定程度上减少光污染	50~120 元/桶

施工小贴士

CONSTRUCTION TIPS

① 在涂刷金属漆之前，底材需要除锈、除油、除尘，可用酸洗、磷化、电动打磨、人工打磨、喷砂等方法除锈；可用溶剂和白电油清洗；如底材粗糙，可先刮涂附着力、干性较好的原子灰。

② 金属漆施工时，如果底漆未实干就喷面漆，可能发生咬底或者起"痱子"的现象，并造成附着力下降。

③ 喷涂金属漆时，应注意喷漆工具的出漆量、出气量、喷幅宽窄及喷时的移动速度和距离，这些参数与油漆施工黏度一样，都可调节雾化程度。雾化程度个同，可能会造成同一油漆喷涂出来颜色、光泽、花纹、排列效果的差异，如雾化太低，可能漆膜不均，流平欠佳或者起缩针孔眼；而雾化过头，则可能会失光、粗糙。

选购**小常识**

1.看外表 观察金属漆的涂膜是否丰满光滑，以及是否由无数小的颗粒状或片状金属拼凑起来。

2.看认证 金属漆已获得 ISO9002 质量体系认证证书和中国环境标志产品认证证书，购买时需向商家索取。

材料**搭配秘诀**
—— material collocational tips ——

◀ 金属漆的家具和饰品给空间带来欧式贵族的奢华感

金属漆令欧式风格呈现出富丽堂皇的效果

金属漆又叫"金属闪光漆"。看上去好像金属在闪闪发光一样。这种金属闪光漆，用于欧式风格的居室中，可以为空间带来金碧辉煌的视觉感受。

▶ 金属漆的线条把原本单调的空间点缀得更为富丽堂皇

金属漆为家居环境带来愉悦的感官享受

将金属闪光漆，用于家居装饰中，可以给人们一种愉悦、轻快、新颖的感觉。另外，如果改变金属粉末的形状和大小，还可以控制金属闪光漆膜的闪光度。

李文彬
武汉桃弥设计工作室设计总监

金属漆要勤保养才能保持光亮度

要保持金属漆的外表干净，仅靠擦一擦灰尘是不够的。应定期对外表喷涂金属漆的家具等物，用优质的清洁剂进行清洁。同时，要保持金属漆的容貌，打蜡必不可少。但需要注意的是，上蜡时不能用力过重，防止穿透金属漆露出底色。

▲ 墙面以蓝色调的壁纸搭配金属漆饰品，令空间轻快舒适，又带有法式的梦幻

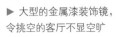
► 大型的金属漆装饰镜，令挑空的客厅不显空旷

艺术涂料
具有个性的装饰效果

材料速查：

① 艺术涂料无毒、环保，同时还具备防水、防尘、阻燃等功能。优质的艺术涂料可洗刷、耐摩擦，色彩历久常新。

② 艺术涂料对施工人员作业水平要求严格。

③ 艺术涂料特有的艺术性效果，最适合时尚现代的家居风格。

④ 艺术涂料应用于玄关、电视背景墙、廊柱、吧台、吊顶等，能产生极其高雅的效果。

⑤ 艺术涂料根据图案的复杂程度，价格为 35~220 元/m²，比普通墙纸的价格还实惠。

材料大比拼

种类	特点
威尼斯灰泥	质地和手感滑润，花纹讲究若隐若现，有三维感，表面平滑如石材，光亮如镜面。独特的施工手法和蜡面工艺处理，使其具有手感细腻犹如玉石般的质地和纹理。可以在表面加入金银批染工艺，渲染出华丽的效果
板岩漆系列	采用独特材料，色彩鲜明，具有板岩石的质感，可任意创作艺术造型。通过艺术施工的手法，呈现各类自然岩石的装饰效果，具有天然石材的表现力，同时又具有保温、降噪的特性
浮雕漆系列	该系列是一种立体质感逼真的彩色墙面涂装艺术质感涂料。装饰后的墙面具有酷似浮雕般的观感效果，所以称之为浮雕漆。它具有独特立体的装饰效果，仿真浮雕效果，涂层坚硬，黏结性强、阻燃、隔声、防霉、艺术感强
幻影漆系列	幻影漆实如其名，能使墙面变得如影如幻，能装饰出上千种不同色彩、不同风格的变幻图案效果，或清素淡雅或热烈奔放，其独特的优异品质又融合了古典主义与现代神韵

续表

种 类	特 点
肌理漆系列	肌理漆系列具有一定的肌理性，花型自然、随意，适合不同场合的要求，满足人们追求个性化的装修需求，异形施工更具优势，可配合设计做出特殊造型与花纹、花色
金属漆系列	由高分子乳液、纳米金属光材料、纳米助剂等优质原材料采用高科技生产技术合成的新产品，适合于各种内外场合的装修，具有金箔闪闪发光的效果，给人一种金碧辉煌的感觉
裂纹漆系列	它能迅速有效地产生裂纹，裂纹纹理均匀，变化多端，错落有致，极具立体美感；它花纹丰富，有的苍劲有力纵横交错，有的犹如一幅壮丽的山川河流图，自然逼真，极具独特的艺术美感，为古典艺术与现代装修的结合品
马来漆系列	其漆面光洁，有石质效果，花纹讲究若隐若现，有三维感。花纹可细分为冰菱纹、水波纹、大刀石纹等各种效果，以上效果以朦胧感为美。进入国内市场后，马来漆风格有创新，演绎为纹路有轻微的凸凹感
砂岩漆系列	砂岩漆可以配合建筑物不同的造型需求，在平面、圆柱、装饰线或雕刻板上创造出各种砂壁状的质感，满足设计上的美观需求。装饰效果特殊，耐候性佳，密着性强，耐碱性优，具有天然石材的质感，耐腐蚀、易清洗、防水，纹理清晰流畅
云丝漆系列	它是通过专用喷枪和特别技法，使墙面产生点状、丝状和纹理图案的仿金属水性涂料。质感华丽，丝缎效果，金属光泽，让单调的墙体产生立体感和流动感，不开裂、起泡。既适合与其他墙体装饰材料配合使用和个性形象墙的局部点缀，还具有自身产品种类之间相互配合应用的特性
风洞石系列	汲取天然洞石的精髓，浑然天成，纹理神似天然石材，流动韵律感极强，实现每一块砖上洞的大小、形状均不一样，层次清晰且富有韵味。堪与真正的石材媲美，而且没有石材的冰冷感与放射性，整体感特别强

选购**小常识**

1. 看沉淀物 取一透明的玻璃杯，盛入半杯清水，然后取少许艺术涂料，放入玻璃杯与水一起搅动。凡质量好的艺术涂料，杯中的水仍清晰见底，粒子在清水中相对独立，没混合在一起，粒子的大小很均匀；而质量差的多彩涂料，杯中的水会立即变得混浊不清，且颗粒大小呈现分化，少部分的大粒子犹如面疙瘩，大部分则是绒毛状的细小粒子。

2. 看销售价 质量好的艺术涂料，均由正规生产厂家按配方生产，价格适中；而质量差的艺术涂料，有的在生产中偷工减料，有的甚至是个人仿冒生产，成本低，销售价格比质量好的艺术涂料便宜得多。

3. 看水溶 艺术涂料在经过一段时间的储存后，其中的花纹粒子会下沉，上面会有一层保护胶水溶液。凡质量好的艺术涂料，保护胶水溶液呈无色或微黄色，且较清晰；而质量差的艺术涂料，保护胶水溶液呈混浊态，明显呈现出与花纹彩粒同样的颜色。

4. 看漂浮物 凡质量好的艺术涂料，在保护胶水溶液的表面，通常是没有漂浮物的（有极少的彩粒漂浮物，属于正常）；若漂浮物数量多，彩粒布满保护胶水涂液的表面，甚至有一定厚度，则不正常，表明这种艺术涂料的质量差。

施工小贴士

CONSTRUCTION TIPS

艺术涂料上漆基本上分为两种：加色和减色，加色即上了一种色之后再上另外一种或几种颜色；减色即上了漆之后，用工具把漆有意识地去掉一部分，呈现自己想要的效果。质感涂料不是一成不变的，可以不断创作出新图案。

材料**搭配秘诀**
—— material collocational tips ——

艺术涂料彰显地中海风格自由和浪漫精髓

地中海风格因富有浓郁的人文风情和地域特征而得名，艺术涂料自身所具备的纯度色彩和凹凸不平的质感正好表达出地中海的自由和浪漫精髓。

艺术涂料令顶面不再单调

现代简约风格追求自然、通透的空间，因此墙面和顶面的造型不会过于复杂，而艺术涂料则可以令平整单调的顶面更具立体感。

砂岩系列艺术涂料为客厅增添自然韵味

砂岩系列艺术涂料可以创造出独特砂壁状的质感，可以满足客厅在设计上的美观需求，同时大面积使用也不会感到压抑。

液体壁纸
光泽度好，易清洗

材料速查：

① 液体壁纸是一种新型艺术涂料，也称壁纸漆和墙艺涂料，是集壁纸和乳胶漆特点于一身的环保水性涂料。它无毒无味、绿色环保，有极强的耐水性和耐酸碱性，不褪色、不起皮、不开裂，确保使用 15 年以上。

② 液体壁纸的施工难度比较大，不仅对墙面的要求比较高，施工周期也比较长。

③ 考虑到造价的问题，一般都只是用液体壁纸做局部装饰。

④ 液体壁纸一般价格在 60~260 元 / m²，每增加一种颜色则单价增加 10 ~18 元 / m²。

材料**大比拼**

种 类		特 点	价 格
浮雕		材料本身具有浮雕特性，施工在墙面呈现自然的浮雕效果，无须其他辅助措施，是已知的具备立体效果液体壁纸中，施工速度最快且完整的产品	90 ~ 180 元 / m²
立体印花		立体印花液体壁纸是一种具有高亮立体效果的纳米光触媒涂料，其高度闪光的特性使产品鲜艳夺目、倍添光泽，具有特殊的美观效果	100 ~ 220 元 / m²
肌理		可逼真展现传统墙面装饰材料的布格、皮革、纤维、陶瓷砖面、木质表面、金属表面等肌理效果	60 ~ 180 元 / m²
植绒		漆膜具有绵柔手感的纳米光触媒涂料。无毒、无污染，附着力强、不变色，阻燃、不助燃。触感光滑、柔和，可与高档壁布相媲美	120 ~ 260 元 / m²

选购**小常识**

1. 看光泽度 品质好的液体壁纸应有珠光亮丽色彩及金属折光效果，以保证图案的生动，部分特殊色彩还应有幻彩效果，在不同角度产生不同色彩，质量差的液体壁纸仅有折光效果而没有珠光效果，甚至连折光效果都没有。

2. 嗅闻气味 一定没有刺激气味或油性气味，有些液体壁纸有淡淡的香味，但香味属于后期添加的香料，与品质无关。

3. 看黏稠度 搅拌均匀后，无杂质及微粒，漆质细腻柔滑。质地稠密，不应过稀、过稠。

4. 看液体 存放期间不出现沉淀、凝絮、腐坏等现象。

CONSTRUCTION TIPS

① 运输和贮存应防冻。液体壁纸漆料中约含 20%~50% 的水，当运输和贮存的温度低于 0 ℃时，往往会冻坏。

② 防腐防霉。液体壁纸漆料中，既有水，又有细菌的食粮，容易被细菌污染。因此，为了防止变质，要加防腐剂。

液体壁纸拼贴后无接缝

材料**搭配秘诀**
—————◇ material collocational tips ————

大花图案壁纸降低卧室的拘束感

床头背景墙大花图案的液体壁纸花朵图案逼真、色彩淡雅，远观有呼之欲出的感觉，这种液体壁纸可以降低房间的拘束感。

潮流新
建 材

墙面彩绘
独具创意，适合自己动手做

材料速查:

① 墙面彩绘可根据室内的空间结构就势设计，掩饰房屋结构的不足，美化空间，同时让墙面彩绘和屋内的家居设计融为一体。

② 墙面彩绘只能是室内装饰的一种点缀，如果频繁使用会让空间感觉凌乱，无重点。

③ 墙面彩绘在绘画风格上不受任何限制，不但具有很好的装饰效果，可定制的画面也能体现居住者的时尚品位。

④ 墙面彩绘一般用于家居空间墙面的局部点缀，但其俏皮活泼的特性，使之在儿童房中广泛运用。

⑤ 墙面彩绘的价格根据墙面的大小及图案的难易程度有所不同，大致为350~1800元/m²。

材料**大比拼**

种 类	特 点	价 格
植物藤蔓类	手绘墙藤蔓可以说是室内手绘中较为常见的，是因为它有着比较强的装饰作用，同样也因为造型多变，适合的装修风格比较多，所以受到人们的喜爱	350~450元/m²
卡通动漫类	这种风格很受年轻人的喜爱，以一种朴素而略带情感的绘画表现浪漫情调，以常见的卡通图案来展现可爱的风格	350~500元/m²
油画写实类	这种风格拥有丰富的技术表现手法，家庭装饰中主要以写实为主，强调一种大气的视觉感觉	大于500元/m²
中式山水花鸟类	这种风格充满中国风情，传达浓郁的中式味道，富含文化的底蕴。中式山水花鸟工笔或国画绘制于墙上，一种大气典雅的感觉迎面扑来	450~1100元/m²

CONSTRUCTION TIPS

① **施工前期**：预先设计好墙面的手绘图案，然后准备充足的材料。

② **施工中期**：手工绘画往往有绘画笔迹、笔触的痕迹，熟练高超的笔法会留下潇洒飘逸、生动活泼的笔迹，这也是手工艺术的魅力之处，但也有些因技法不熟练或过于匆忙完工而留下的败笔。简单的手绘墙画一般都能达到和手稿、图片一模一样或优于手稿；某些复杂的图案一般也能达到 95% 以上的准确度。

③ **施工验收**：墙面彩绘绘制完后，室内墙面干透时间为 12 小时；家具类干透时间为 7 天，布艺类干透为 24 小时。此期间内，要注意对墙体彩绘色彩的保护。

选购**小常识**

1. 了解绘画师　了解绘画师从事绘画的年限这点很重要，所谓某某美术学院毕业，这些头衔只能说明其曾经接受过四年大学绘画知识培训，绘画是一个需要天赋加长期磨炼的过程，每位画家的诞生都不是曾经受过几年培训就能获得的，长期人品和艺术品位以及技巧的磨炼，才能在绘画作品中展示那凝重的内敛。了解画师的绘画的年龄，一般说来从事的时间越长，经验和功底越好，价格也会在同比中偏高一些，如果是绘画要求高的业主就需要选择绘画年龄长一些的画师来绘制。

2. 看现场图片　如果打算想请一家彩绘公司或工作室绘画，请先了解清楚工作室的情况，有时间可以到工作室去实地看看，有机会可以要求看看以前为别人设计或画过的实景照片。正规的公司能做到它现有的行业水平，肯定都是有过很多的实战的作品和经验，他们也会有现场图片为证。而不正规的工作室往往把别人或网上的图片拿来冒充自己的作品，他们拿不出自己作品的现场图片。这点是业主一定要特别留意之处。

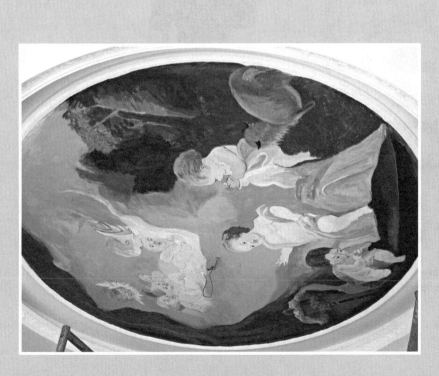

◀ 顶面圆形彩绘凸显欧式大气美感

材料搭配秘诀
—— material collocational tips ——

▲ 楼梯过道的彩绘墙面可增添空间的趣味性

▲ 写实彩绘的床头背景墙衬托出卧室的美感

墙面彩绘是地中海风格必不可少的组成部分

墙面彩绘通常来讲并不是装修的必备项目，但在地中海风格的设计中，则是不可缺少的重要组成部分。为了营造空间的地中海气息，经常会在墙面上手绘上大海、灯塔及船只等标志性物品，以呼应空间的风格主题。

Designer 设计师微课堂

杨 航
苏州一野室内设计工程有限公司
设计总监

墙面彩绘的三大方式

一种是选择一面主要的墙大面积绘制，这种手绘墙画是作为家里的主要装饰物面孔出现的，往往会给访客带来非常大的视觉冲击力。另外一种是针对一些比较特殊的空间进行针对性绘制，比如在楼梯间画棵大树等。还有一种是属于"点睛"的类型，在一些拐角、角落等不适合摆放家具或者装饰品的位置创造彩绘，令空间更加丰富。

不同空间进行墙面彩绘应各有侧重

如果在客厅吊顶进行创作，可选择一些有朝气的题材。还可以在厨房、卫浴或书房甚至门板上进行创作，这时要注意手绘画幅不要太大，力求精致，题材最好选择古朴素材。除此之外，墙面彩绘还可以运用在一些不明显的地方，如在墙壁转角或地脚做相应的搭配，这种场所的图案，只需起到点缀作用即可，如一棵小树或者几朵花。

仿岩涂料
环保，可替代石材

潮流新建材

材料速查：

① 仿岩涂料是仿照岩石的表面质感的涂料品种，是一种水性环保涂料。强度较高，不易脱落，耐冲击，耐磨损，不燃、耐火，减少了水和化学品的使用，尽量降低了涂料对环境的污染。

② 仿岩涂料古朴、粗犷，有鲜明的个性。适用于简约风格、乡村风格和现代风格。

③ 仿岩涂料具有一定的岩石特征，可以用来替代部分石材装饰墙面，且可以用于室外。

④ 仿岩涂料有石材的效果，但价格比石材便宜，一般在 30~50 元 /m²。

材料**大比拼**

种类	特点	价格
灰墁涂料	原名为 STUCCO，音译为"生态壳"，是一种很有质感的涂料，中文翻译是灰泥、灰墁，指厚浆型的质感涂料或类似彩色水泥的含有砂粒的涂料类型。有多种施工工艺、涂抹效果，具有丰富的肌理、古朴的质感。颗粒中等，有天然韵味	40 元 / m²
仿花岗岩涂料	弥补了传统真石漆所缺少的岩石片状效果，可以非常直接地体现花岗岩的纹理效果与质感，是传统真石漆的升级换代产品，同时还可以弥补外墙保温墙面无法干挂石材的缺陷。颗粒最粗，不易因紫外线照射而变色	50 元 / m²
撒哈拉涂料	撒哈拉系列涂料颗粒较细，色彩选择较多，有风沙般的犀利及沙漠般的狂野，能带来一种回归自然般的感受。同时可应用于滚花、擦色、质感效果上色等多种艺术涂料施工，使用方法简单多样	50 元 / m²

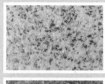

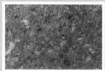

仿花岗岩涂料有不同的颜色和品种　　　　灰墁涂料具有天然粗犷的效果

材料**搭配秘诀**
—•— material collocational tips —

仿岩涂料令卧室充满粗犷之感

　　大地色系的仿岩涂料古朴、粗犷，其沉稳的气派展现出一种不经雕琢的随意，令空间表现出鲜明的个性。

▼ 米黄色的仿岩涂料给美式风格客厅带来古朴之美

潮流新建材 硅藻泥
调节湿气，除臭

材料速查：

① 硅藻泥是一种以硅藻土为主要原材料的内墙环保装饰壁材，具有消除甲醛、净化空气、调节湿度、释放负氧离子、防火阻燃、墙面自洁、杀菌除臭等功能。它是替代壁纸和乳胶漆的新一代室内装饰材料。

② 硅藻泥图案美观，色彩丰富，印花样式多，尤其适用于简约风格、乡村风格和东南亚风格。

③ 在室内外的墙壁、天花板等地方都可以使用硅藻泥，尤其适用于卧室中。

④ 硅藻泥市场价 120 ~ 530 元 / m²，根据花样和内部含量定价，复杂花样价格较高。

材料大比拼

种 类		特 点	吸湿量	价 格
稻草泥		颗粒较大，其中添加了稻草，非常具有自然气息	吸湿量较高，可达到 81 克 / m²	330 元 / m²
防水泥		中等颗粒，可搭配防水剂使用，能用于室外墙面装饰	吸湿量中等，约为 75 克 / m²	270 元 / m²
膏状泥		膏状泥颗粒较小，涂抹后纹理较细腻	吸湿量较低，约为 72 克 / m²	270 元 / m²
金粉泥		颗粒较大，其中添加了金粉，效果比较奢华	吸湿量较高，可达到 81 克 / m²	530 元 / m²

硅藻泥的施工纹样

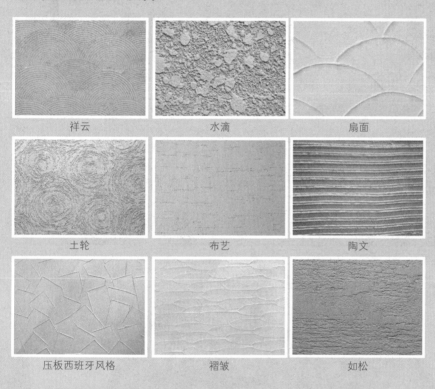

祥云　　　　水滴　　　　扇面

土轮　　　　布艺　　　　陶文

压板西班牙风格　　　　褶皱　　　　如松

选购**小常识**

1. 测试吸水率　购买时要求商家提供硅藻泥样板，现场进行吸水率测试，若吸水量又快又多，则产品孔质完好；若吸水率低，则表示孔隙堵塞，或是硅藻土含量偏低。

2. 手触摸检测表面强度　用手轻触硅藻泥，如有粉末黏附，表示产品表面强度不够坚固，日后使用会有磨损情况产生。

3. 引燃样品闻气味　购买时请商家以样品点火示范，若有冒出气味呛鼻的白烟，则可能是以合成树脂作为硅藻土的固化剂，遇火灾发生时，容易产生毒性气体。

施工
小贴士

CONSTRUCTION TIPS

①硅藻泥属于天然材料，为了保证其调节湿气、净化空气的作用，表面不能涂刷保护漆，且硅藻泥本身比较轻，耐重力不足，容易磨损，所以不能用作地面装饰。

②由于没有保护层，所以硅藻泥不耐脏，用于墙面时，建议不要低于踢脚线的位置，最好用于墙面的上部及天花板上，这样在擦地的时候不会弄脏。

硅藻泥原料天然、健康环保

　　液状涂料可自己处理。硅藻泥分液状涂料和浆状涂料两种，液状的涂料与一般的水性漆相同，可以自行处理。硅藻土施工后需要一天的时间才会干燥，因此有充分的时间来进行不同的造型。具体的造型可向商家咨询，并购置相应的工具，用刮板和铲刀就能做出很多的造型，加以不同类型的硅藻泥，能够获得不同风格的效果。浆状的硅藻泥有黏性，适合做不同的造型，而施工的难度较高，需要专业人员来进行，不适合家庭自主施工，且价格要比液状的高一些。

墙面涂刷硅藻泥所用的带花纹滚轮

材料**搭配秘诀**
—◆— material collocational tips

硅藻泥与壁纸搭配增强表现力

　　硅藻泥在客厅的电视背景墙、沙发背景墙、餐厅的进餐背景墙运用得最多。另外，可局部搭配壁纸、木质的造型以增强表现力。

▼ 稻草泥是典型的硅藻泥造型，其凹凸质感使空间更具立体感

利用空间造型搭配硅藻泥造型

硅藻泥在空间的使用上，更多的是以装饰效果为主，涂刷于墙面的局部搭配不同的造型出现。可令墙面更具层次感。

▲ 不同色彩的硅藻泥增强空间层次

硅藻泥是增添空间立体感的好助手

将硅藻泥涂刷在墙面的立体造型上，从而使墙面的造型与原墙面融合的视觉效果更出色，丰富空间的立体感。

▶ 硅藻泥涂刷于电视背景墙可令空间更具立体感

第二章

地面材料汇总

第一节

砖石

地砖是用黏土烧制而成。规格较多，质坚、耐压耐磨，能防潮。有的经上釉处理，具有装饰作用。常用于客厅、餐厅等公共空间或卫浴间、厨房等潮湿的场所。

玻化砖
表面光亮，耐划

材料速查：

① 玻化砖是所有瓷砖中最硬的一种，在吸水率、边直度、弯曲强度、耐酸碱性等方面都优于普通釉面砖、抛光砖及一般的大理石。

② 玻化砖经打磨后，毛气孔暴露在外，油污、灰尘等容易渗入。

③ 玻化砖较适用于现代风格、简约风格等家居风格之中。

④ 玻化砖适用于玄关、客厅等人流量较大的空间地面铺设，不太适用于厨房这种油烟较大的空间。

⑤ 玻化砖的价格差异较大，40 ~ 500 元 /m² 均有。

替代天然石材较好的瓷砖

玻化砖以模仿石材的纹理和抛光后的质感为设计的根本。经高温烧结、完全瓷化生成了莫来石等多种晶体，理化性能稳定，耐腐蚀、耐酸碱，抗污性强。同时无有害元素，各种理化性能比较稳定，符合环保要求，是替代天然石材较好的瓷制产品。

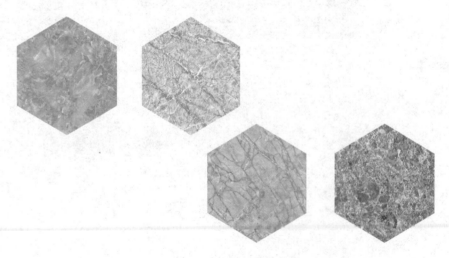

仿大理石的玻化砖

选购**小常识**

1. **看表面** 看砖体表面是否光泽亮丽，有无划痕、色斑、漏抛、漏磨、缺边、缺脚等缺陷。

2. **看商标** 查看底胚商标，正规厂家生产的产品底胚上都有清晰的产品商标，如果没有的或者特别模糊的建议不要购买。

3. **试手感** 同一规格的砖体，质量好、密度高的砖手感都比较沉，质量差的手感较轻。

4. **听声音** 敲击瓷砖若声音浑厚且回音绵长，如敲击铜钟之声，则为优等品；若声音混哑，则质量较差。

材料**搭配秘诀**
—◆— material collocational tips —◆—

多色拼贴玻化砖打造个性化客厅

玻化砖可以随意切割，任意加工成各种图形及文字，形式、色彩多变的造型。多色拼贴的设计可以令客厅变化丰富，满足个性化需求。

施工 小贴士

CONSTRUCTION TIPS

① **检查型号。** 铺贴玻化砖前，请检查包装所示的产品型号、等级、尺寸及色号是否统一，重点检查砖体的平整度，如有问题及时联系厂家更换。

② **铺贴。** 铺贴前应先处理好待贴体或地面，干铺法基础层达到一定刚硬度才能铺贴砖，铺贴时接缝多在 2~3 mm 之间调整。彩砖建议采用 325 号水泥，白色砖建议白水泥，铺贴前预先打上防污蜡，可提高砖面抗污染能力。

▼ 多色拼贴的仿大理石玻化砖，从色调到亮度上都具有时尚感

釉面砖
釉面细致，韧性好

材料速查：

① 釉面砖的色彩图案丰富、规格多；防渗，可无缝拼接、任意造型，韧度非常好，基本不会发生断裂现象。

② 由于釉面砖的表面是釉料，所以耐磨性不如抛光砖。

③ 由于釉面砖表面可以烧制各种花纹图案，风格比较多样，因此可以根据家居风格进行选择。

④ 釉面砖的应用非常广泛，但不宜用于室外，因为室外的环境比较潮湿，釉面砖会吸收水分产生湿胀。釉面砖主要用于室内的厨房、卫浴等墙面和地面。

⑤ 釉面砖的价格和抛光砖的价格基本持平，为 40~300 元 /m²。

釉面砖分类

釉面砖是装修中最常见的砖种，由于色彩、图案丰富，而且防污能力强，因此被广泛使用于墙面和地面装修，更多被用于厨房和卫浴间中。根据光泽的不同，釉面砖又可以分为光面釉面砖和哑光釉面砖两类。

亮光釉面砖

哑光釉面砖

选购**小常识**

1. 看规格 好的釉面砖每一块的误差小于或等于 1 mm，这样铺下来砖缝才能大小均匀。釉面均匀、平整、光洁、亮丽、一致者为上品；面有颗粒、不光洁、颜色深浅不一，厚薄不均，甚至凹凸不平、呈云絮状者为次品。

2. 观察反光成像 观察灯光或物体在经釉面镜面的反射图像，釉面砖比普通瓷砖成像应更完整、更清晰。

3. 看防滑性 将釉面地砖表面洒水后做行走实验，依然能体会到很可靠的防滑感觉。

4. 看剖面 好的釉面砖剖面光滑平整，无毛糙，且通体一色，无黑心现象。

材料**搭配秘诀**
——◆—— material collocational tips ——◆——

哑光型釉面砖更适用于卫浴间

哑光型釉面砖色彩淡雅，而且颜色丰富，防污能力强，非常适用于卫浴间的墙、地面中铺设，如果空间不大可选小规格的品种。

CONSTRUCTION TIPS

① 施工准备：施工前要充分浸水 3~5 小时，浸水不足容易导致瓷砖吸走水泥浆中水分，从而使产品黏结不牢，浸水不均衡则会导致瓷砖平整度差异较大，不利于施工。水泥的硬度不能高于 400 号，以免拉破釉面，产生绷瓷。

② 铺贴砖与砖之间留有 2 mm 的缝隙，以减弱瓷砖膨胀收缩所产生的应力。若采用错位铺贴的方式，需要注意在原来留缝的基础上多留 1 mm 的缝。包装箱的纸用完后，不要用其覆盖地面，以免包装箱被水浸泡，有机颜料污染地面，造成清理麻烦。可使用无色的蛇皮袋覆盖地面。

◀ 墙面用釉面小砖，地面用釉面大砖，适合小型空间的设计

仿古砖
具有怀旧气氛

材料速查:

① 仿古砖技术含量要求相对较高,数千吨液压机压制后,再经千度高温烧结,使其强度高,具有极强的耐磨性,经过精心研制的仿古砖兼具了防水、防滑、耐腐蚀的特性。

② 仿古砖的搭配需要花心思进行,否则风格容易过时。

③ 仿古砖能轻松营造出居室风格,十分适用于乡村风格、地中海风格等家居设计中。

④ 仿古砖适用于客厅、厨房、餐厅等空间的同时,也有适合厨卫等区域使用的小规格砖。

⑤ 仿古砖的价格差异较大,一般为 15~450 元 / 块,而进口仿古砖还会达到每块上千元。

仿古砖类别

仿古砖中有皮纹、岩石、木纹等系列,看上去与实物非常相近,可谓是以假乱真,其中很多都是通体砖。最为流行的仿古瓷砖款式有单色砖和花砖两种。单色砖主要用于大面积铺装,而花砖则作为点缀用于局部装饰。一般花砖图案都是手工彩绘,其表面为釉面,复古中带有时尚之感。

单色仿古砖

仿古花砖

材料**大比拼**

种 类	特 点	价 格
半抛釉仿古砖	呈现哑光光泽的半抛釉仿古砖,用于墙面效果表现,会更为出色	15~260 元/块
全抛釉仿古砖	全抛釉仿古砖的光亮程度与耐污性,使其更适合用于室内家居地面	135~320 元/块

选购**小常识**

1.看吸水率 测吸水率最简单的操作是把一杯水倒在瓷砖背面,扩散迅速的,表明吸水率高,在厨卫间使用就不太合适,因为厨房和卫生间常处于水环境中,必须用吸水率比较低的产品才行。

2.看耐磨度 分为五度,从低到高。五度属于超耐磨度,一般不用于家庭装饰。家装用砖在一度至四度间选择即可。

3.测硬度 可以用敲击听声的方法来鉴别,声音清脆的就表明内在质量好,不宜变形破碎,即使用硬物划一下砖的釉面也不会留下痕迹。

4.看色差 可以根据直观判断。察看一批砖的颜色、光泽纹理是否大体一致,能不能较好地拼合在一起,色差小、尺码规整则是上品。

施工
小贴士

CONSTRUCTION TIPS

① **防护。**特别注意及时清除和擦净施工时黏附在砖体表面的水泥砂浆、粘贴剂和其他污染物,如锯木屑、胶水、油漆等,以确保砖面清洁美观。铺贴完工后,应及时将残留在砖面的水泥污渍抹去,已铺贴完的地面需要养护 4~5 天,防止因过早使用而影响装饰效果。

② **铺贴技巧。**在铺装过程中,可以通过地砖的质感、色系不同,或与木材等天然材料混合铺装,营造出虚拟空间感,如在餐厅或客厅中,用花砖铺成波打边或者围出区域分割,在视觉上形成空间对比,往往可打造出人意料的效果。

③ **施工方法。**若在铺设过程中,将砖与砖之间的缝隙留 1~3 mm,能够强化砖体的沧桑感,而后使用填缝剂勾缝。需要注意的是,勾缝剂的颜色也很重要,选用恰当颜色的填缝剂做勾缝处理更能起到画龙点睛的作用。也可以在设计时将砖的缝隙留得很小,营造出不同的风格,但缝隙不宜少于 1 mm,缝隙太小没有砖体热胀冷缩的余地,容易起鼓、变形。

材料**搭配秘诀**
— material collocational tips —

拼花仿古砖丰富地面设计的变化

在客餐厅的地面设计中，仿古砖通常会选择拼花的形式，即在仿古砖的四角设计十字星花片，或与马赛克结合，装饰出来的地面既不显得凌乱，而且极具审美趣味。但设计拼花仿古砖地面的设计风格是有局限的，一般比较适合乡村、田园、地中海等设计风格。

◀ 地中海风格的客厅采用古朴的岩石色调仿古砖与蓝色的马赛克相结合，为空间增添了一些时尚气息

◀ 米色调的仿古地砖带给空间沉稳、温馨的感觉

小面积铺贴花砖彰显艺术感

在大面积的空间内，小花砖拼成地毯般的华丽图案，能够让空间更具艺术感，倍添奢华魅力。搭配素色的墙砖，或地面局部的纯色"留白"，可以使空间更加个性化。

▼ 不同色调的仿古砖与花砖结合，塑造出充满斑斓感的空间氛围

全抛釉瓷砖
纹理看得见但摸不到

材料速查：

① 全抛釉瓷砖的优势在于花纹出色，不仅造型华丽，色彩也很丰富，且富有层次感，格调高。
② 全抛釉瓷砖的缺点为防污染能力较弱；其表面材质太薄，容易刮花划伤，容易变形。
③ 全抛釉瓷砖因其丰富的花纹，特别适合欧式风格的家居环境。
④ 全抛釉瓷砖运用于客厅、卧室、书房、过道都非常适合。
⑤ 全抛釉瓷砖的价格比其他瓷砖略高，大致是 120~450 元 /m²。

全抛釉瓷砖特点

全抛釉瓷砖的釉面用手触摸，表面光亮柔和、平滑不凸出，效果晶莹透亮，釉下石纹纹理清晰自然，与上层透明釉料融合后，犹如一层透明水晶釉膜覆盖，使得整体层次更加立体分明。一般抛光砖用久了，容易哑光，全抛釉烧成的瓷砖透明釉面比较厚，不容易磨损，因此其使用寿命是一般微粉砖的 3 倍。

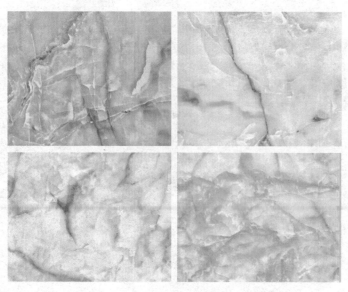

全抛釉面砖的效果

选购**小常识**

1. 看质感　全抛釉最突出的特点是光滑透亮，单个光泽度值高达 104 GU，釉面细腻平滑，色彩厚重或绚丽，图案细腻多姿。鉴别时，要仔细看整体的光感，还要用手轻摸感受质感。

2. 测吸水率　全抛釉瓷砖也要测吸水率、听敲击声音、刮擦砖面、细看色差等，鉴别方法与其他瓷砖基本一致。

3. 预存一定数量　为预防施工及搬运损耗，建议多购买数片并按整箱购买，如铺贴面积为 45 m^2 时，则需要 45（m^2）÷ 单片面积（m^2）= 用量片数。

CONSTRUCTION TIPS

全抛釉瓷砖施工时建议使用有机胶黏剂粘贴，不使用传统水泥湿法铺贴的方法，这样能较好地避免平整度不佳的问题，铺贴效果较好。关于水泥品种，基层的普通水泥标号不宜超过 425 号，可以选用 325 号，纯水泥（素灰）应采用 275 号的白水泥；为保证铺贴美观，建议铺贴时留 2~3 mm 的砖缝。

材料**搭配秘诀**
——◆—— material collocational tips ——◆——

全抛釉面砖适合小面积空间

全抛釉面砖色彩鲜艳，花色品种多样，纹理自然。比其他砖更为光洁透亮，尤其适用于较小的空间中。

▲ 光亮的全抛釉瓷砖令餐厅更具光感

木纹砖
仿木纹纹理，好清理

材料速查：

① 木纹砖的纹路逼真、自然朴实，没有木地板褪色、不耐磨等缺点，易保养。

② 木纹砖的价格较高，踩起来没有木地板温暖。

③ 木纹砖常被用在客厅、餐厅和厨房，另外由于其瓷质的吸水率最低，硬度和耐磨度较高，因此适合用于卫浴和户外阳台。

④ 木纹砖的价格为 90~120 元 / m²，比一般的常规瓷砖要贵一些。

木纹砖特点

木纹砖是指表面具有天然木材纹理装饰效果的陶瓷砖，可分为釉面木纹砖和劈开砖两种。釉面木纹砖是通过丝网印刷工艺或贴陶瓷花纸的方法使砖体表面具有木纹图案的；而劈开砖是将两种或两种以上色彩的釉料混合，用真空螺旋挤出机将它们螺旋混合后，通过剖切出口形成的酷似木材的瓷砖，颜色更为逼真。

釉面木纹砖

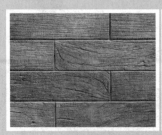

劈开砖

材料**大比拼**

种　类	特　点	价　格
白木纹砖	砖面纹理呈白色，有天然的木纹、淡雅的色调、瓷砖体量大	140～270 元 / m²
红木纹砖	砖面的纹理、颜色呈红木的样式，具有耐划、耐脏的特点，适合用在卧室代替木地板	160～350 元 / m²
法国木纹砖	质地坚固，具有较高的档次。适合铺设在中高档家居的客餐厅空间	大于 800 元 / m²
意大利木纹砖	砖表面的纹理较大，适合在墙面等处做装饰用	大于 800 元 / m²

选购**小常识**

1. 看纹理　木纹砖的纹理重复越少越好。木纹砖是仿照实木纹理制成的，想要铺贴效果接近实木地板，则需要选择纹理重复少的才能够显得真实，至少达到几十片都不重复才能实现大面积铺贴时的自然效果。

2. 测手感　木纹砖不仅仅用眼看，还需要用手触摸来感受面层的真实感。高端木纹砖表面有原木的凹凸质感，年轮、木眼等纹理细节入木三分。

3. 试排　木纹砖与地板一样，单块的色彩和纹理并不能够保证与大面积铺贴完全一样，因此在选购时，可以先远距离观看产品有多少面是不重复的、近距离观察设计面是否独特，而后将选定的产品大面积摆放一下，感受铺贴效果是否符合预想的效果，再进行购买。

施工
小贴士

CONSTRUCTION TIPS

① **选尺寸。**一块木纹砖并不是随意加工的，在保证效果的同时需要最大限度降低损耗。房间面积小于 15 m² 时，建议将 600 mm×600 mm 的砖加工成 150 mm×600 mm 的砖；面积大于 15 m² 时，建议将 600 mm×600 mm 的砖加工成 200 mm×600 mm 的砖。

② **填缝。**铺贴过程中，要注意的是缝隙的控制，木纹砖的缝隙一般都在 3 mm，这样更可以突出立体效果。最后，深色木纹砖用浅灰色，或者白色（白色不耐脏），浅色的木纹砖用咖啡色的填缝剂较好。

材料搭配秘诀
—◆— material collocational tips —

▲ 接近实木地板色调的劈开砖可以令客厅既具有温暖感，又方便打理

木纹砖可提升空间的理性化色彩

木纹砖表面的木纹理普遍是很有规律的，展现出线性的线条美。尤其是大面积地铺设在客餐厅等空间，可将木纹砖的全部美感展现出来。铺设木纹砖时，可将木纹理顺着空间的长向或宽向铺设，也可以斜着铺设，可根据具体的情况做选择。

▲ 木纹砖适合铺设在空间较大的客厅内，可将木纹理全部展现出来

木纹砖适合喜欢温暖又没时间打理的家庭使用

一些喜欢温暖格调却又没有太多时间打理居室的家庭可以选择木纹砖替代木地板，它既有木地板的温馨和舒适感，又比木地板更容易打理，并拥有多变的拼贴方式。

微晶石
性能优于天然石材

潮流新
建 材

材料速查：

① 质感晶莹剔透，带有自然生长而又变化各异的仿石纹理、色彩鲜明的层次，不受污染、易于清洗，具有优良的物化性能和耐风化性。

② 微晶石格外明亮，因此细小的划痕也会很明显。

③ 微晶石可直接用于家居空间的地面和墙面，另外由于其避免了弧形石材加工大量切削、研磨、浪费资源的弊端，可广泛用于圆柱、洗手盆等各类不规则台面的应用。

④ 微晶石的价格为 200~500 元 /m²，比一般的瓷砖要贵一些。

微晶石性能优于天然石材

微晶石之所以性能优于天然花岗石、大理石、合成石及人造大理石，与其所含的物质成分及制作程序有关。微晶石是选取花岗石中的几种主要成分，经高温，从特殊成分的玻璃液中析出特殊的晶相。其着色是以金属氧化物为着色剂，经高温烧结而成的，因此，不会褪色，且色泽鲜艳。

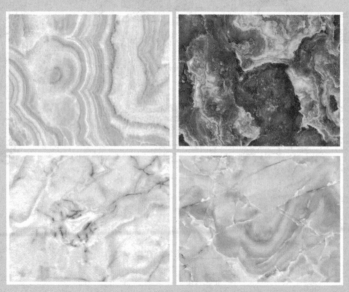

各种纹路的微晶石

选购**小常识**

1. 看通透感　微晶石之所以命名为微晶石，主要是因为微晶石比抛光砖通透，立体感相当强。好的微晶石通透感相当高，在灯光的照耀下通透感十足。

2. 看光泽度　微晶石的光泽度比抛光砖高很多。

3. 看层次感　如果技术稍逊的微晶石，看起来图像就会比较模糊。质量好的微晶石具有流动的纹理、自然渐变的色线，温润如玉的质感、丝滑的石面，层次分明。

4. 看耐磨度　好的微晶石耐磨度相当高，在正常使用的情况下不需要担心会刮花，而劣质微晶石则较容易被刮花。

施工小贴士

CONSTRUCTION TIPS

微晶石的使用一段时间后，表面会变毛发乌、光泽明显降低直至最后变成为哑光状态。可以进行表面光泽保养，在清洁后彻底擦净水迹、保证表面干燥，用干净的软布抹取石材打光蜡，涂布到表面上，停留 5 ~ 10 分钟之后，再用干净软布擦抛光亮。

材料**搭配秘诀**
—◆—material collocational tips—

微晶石方便切割，适用于电视背景墙设计

微晶石不易断裂，没有天然石材常见的细碎裂纹，又不怕侵蚀和污染，光泽度高，因此十分适用于电视背景墙和电视柜的制作。

▼ 微晶石地面比传统石材容易清洁，显示出空间的洁净感

潮流新建材

抿石子
无接缝，施工限制少

材料速查：

① 抿石技术是一种先进工艺，它取代了陈旧的水洗石工法，符合卫生要求，施工方便，不受环境、造型所限。

② 抿石子应用于建筑物内墙幕面、地面、泳池等使之展现得天衣无缝，浑然一体，超强天然味道可满足建筑师的任何造型要求，充分表达设计之美。

③ 抿石子适用于地中海、田园等自然类的风格，可以在客厅的墙面、地面使用抿石子装饰出自然的韵味。

④ 抿石子的价格为 150 元 /m² 起，比一般的瓷砖要贵一些。

抿石子可适用于各种角落中

抿石子是将水泥与小石子混合均匀，然后用镘刀涂抹于工作面，等待水泥表面稍微变干时，使用海绵将表层的水泥抹去，使小石子的表面显露出来的一种施工方法，因为是用镘刀涂抹上去的，所以不只是平面，就算是转角、曲线都可以使用，不像瓷砖容易被定型限制。

抿石子的原料是各种碎石子

自我操作抿石子

挑选材料 自我操作由准备工作开始，首先挑选石头，除了颜色外，个头小一些比较好掌控，特别是没有瓦工自我操作经验的业主，不建议选择大个的。选好石头还需要水泥、海菜粉、白水泥、石粉，测量一下使用面积，可询问商家，购买合适的数量。

准备工具 准备好材料后开始准备工具，尖头推刀（抹面、基本推平）、带齿推刀（打底）、软推刀（抿石子整平）、粗海绵、细海绵、橡胶手套、搅拌棒等。

混合材料 首先拌制打底材料，适量水泥放在桶中，开始加入海菜粉浆搅拌，直到桶中全部水泥形成胶状，注意海菜粉浆不要一次加太多，依次少量加入，材料搅拌混合以水泥：石材：海菜粉 =2：4：1 的比例为佳。

推平 等打底的表面部分稍微干燥后，用尖头推刀将搅拌均匀的抿石子材料平推上去，先大致推平，可以用力推，直到将整个面层都推上抿石子。用软推刀将面层完全整平，在整平的过程中如果有空隙，就在那里加一小坨材料，然后继续用软推刀来回整平。

海绵擦拭 全部整平后等待稍微干燥，用粗海绵蘸水轻轻擦拭表面，过程中就会带走表面的水泥，反复清洗海绵就可以。然后再换成细海绵，重复以上步骤，直到石子清晰可见。等到完全干燥后，用水清洗一下，会更漂亮。

抿石子所用工具

打底材料

尖头推刀平推在打底材料层上

整个面层用软推刀抹平

反复用海绵擦拭后得到的效果

地 板

木地板给人一种回归自然、返朴归真的感觉。
另外，木材对人体的冲击、抗力都比其他材料柔和，
可以保护老人和小孩的居住安全。

实木地板
触感好，冬暖夏凉

材料速查：

① 实木地板基本保持了原料自然的花纹，脚感舒适、使用安全是其主要特点，且具有良好的保温、隔热、隔声、吸声、绝缘性能。

② 实木地板的缺点为难保养，且对铺装的要求较高，一旦铺装不好，会造成一系列问题，如有声响等。

③ 实木地板基本适用于任何家庭装修的风格，但用于乡村、田园风格更能凸显其特征。

④ 实木地板主要应用于客厅、卧室、书房空间的地面铺设。

⑤ 实木地板因木料不同，价格上也有所差异，一般为 400~1000 元 /m²，较适合高档装修的家庭。

材料**大比拼**

种 类	特 点	价 格
柚木	防水、耐腐，稳定性好，还含有极重的油质，这种油质使之保持不变形，且带有特别的香味，能驱蛇、虫、鼠、蚁。颜色会随时间的延长而更加美丽	600 元 / m²
花梨木	木质坚实，花纹精美，成八字形，带有清香的味道。木纹较粗，纹理直且较多，呈红褐色。耐久度、强度较高	1000 元 / m²
樱桃木	色泽高雅，时间越长，颜色、木纹会越深。暖色赤红感觉，可打造出高贵感。硬度低、强度中等，耐冲击载荷、稳定性好，耐久性高	800 元 / m²
黑胡桃	呈浅黑褐色带紫色，色泽较暗，结构均匀，稳定性好，容易加工、强度大、结构细，耐腐、耐磨，干缩性小	700 元 / m²

续表

种 类		特 点	价 格
桃花芯木		木质坚硬、轻巧，结构坚固，易加工。色泽温润、大气，木花纹绚丽、漂亮、变化丰富，密度中等，稳定性高，尺寸稳定、干缩率小，强度适中	900元/m²
枫木		颜色淡雅，纹理美丽多变、细腻、高雅，花纹均匀而且细腻，易于加工，质量轻，韧性佳，软硬适中，不耐磨	600元/m²
小叶相思木		木材细腻、密度高，呈黑褐色或巧克力色，结构均匀，有独特的自然纹理，高贵典雅。稳定性好，韧性强，耐腐蚀，缩水率小	400元/m²
水曲柳木		呈黄白色或褐色略黄，纹理明显但不均匀，木质结构粗，纹理直，硬度较大，光泽强，略具蜡质感。耐磨、耐湿，不耐腐，加工性能好	400元/m²
印茄木		又称菠萝格木，结构略粗，纹理交错，重硬坚韧，稳定性能佳，花纹美观，耐磨性能好	500元/m²
圆盘豆木		颜色比较深，分量重。密度大，坚硬，抗击打能力很强。但脚感较硬，不适合有老人或小孩的家庭使用。使用寿命长，保养简单	600元/m²
橡木		纹理丰富、花纹自然，具有比较鲜明的山形木纹。触摸表面有着良好的质感，韧性极好，质地坚实，制成品结构牢固，使用年限长，稳定性相对较好	500元/m²

选购小常识

1. 检查基材的缺陷 看地板是否有死节、开裂、腐朽、菌变等缺陷；并查看地板的漆膜光洁度是否合格，有无气泡、漏漆等问题。

2. 学会识别木地板材种 有的厂家为促进销售，将木材冠以各式各样不符合木材学的美名，如"金不换""玉檀香"等；更有甚者，以低档充高档木材，购买者一定要学会辨别。

3. 观察木地板的精度 一般木地板开箱后可取出 10 块左右徒手拼装，观察企口咬合，拼装间隙，相邻板间高度差。若严格合缝，手感无明显高度差即可。

CONSTRUCTION TIPS

① **实木地板的安装方法**：一种是采用地板胶直接贴在室内的水泥地面上，这种适合地面平坦、小条拼木地板；第二种是在原地面上架起木龙骨，将地板条钉在木龙骨上，这种适合长条木地板；第三种是未上漆的拼装木地板块，在安装完毕后，需用打磨机磨平，砂纸打光，再上泥子，最后涂刷。

② **注意平整度**：铺设实木地板前要注意地面的平整度和高度是否一致，并且地板最好先铺设一层防潮布，两片防潮布之间交叉摆放，交接处留有约 15 cm 的宽度，以保证防潮效果。

常见实木地板的色泽及纹理

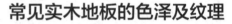

硬度、色泽及纹理		实木地板品种
硬度	中等硬度	柚木、印茄（菠萝格）、香茶茱萸（芸香）
	软木	水曲柳、桦木
色泽	浅色	加枫、水青冈（山毛榉）、桦木、橡木
	中间色	红橡、亚花梨、槲栎（柞木）、铁苏木（金檀）
	深色	香脂木豆（红檀香）、拉帕乔（紫檀）、柚木、乔木树参（玉檀香）、胡桃木、鸡翅木、紫心木、酸枝、印茄、香二翅豆、木荚豆（品卡多）
纹理	粗纹	柚木、槲栎（柞木）、甘巴豆、水曲柳
	细纹	水青冈、桦木

材料**搭配秘诀**
—◆— material collocational tips —

花梨木地板营造典雅中式风

花梨木偏红，木纹精细、明显，年轮多样且富有变化，可以给居室带来高档的装饰效果，非常适合中式风格。

▶ 花梨木地板与仿古家具共同打造出大气的新中式风格卧室

橡木地板为卧室空间增添典雅格调

橡木地板纹理丰富、花纹自然，且颜色较淡雅，用于卧室不会刺激视力，同时可增添空间的典雅格调。

▶ 橡木地板清晰的纹理与淡雅的色调令卧室更显高贵

实木复合地板
有实木地板的特点，但更耐磨

材料速查：

① 实木复合地板的加工精度高，具有天然木质感、容易安装维护、防腐防潮、抗菌等优点，并且相较于实木地板更加耐磨。

② 实木复合地板如果胶合质量差会出现脱胶现象；另外实木复合地板表层较薄，生活中必须重视维护保养。

③ 实木复合地板和实木地板一样适合在客厅、卧室和书房使用，厨卫等经常沾水的地方少用为好。

④ 实木复合地板价格可以分为几个档次，低档的价位为 100~300 元 / m²；中等的价位在 150~300 元 / m²；高档的价位在 300 元 / m² 以上。

实木复合地板的特征

实木复合地板表层为优质珍贵木材，不但保留了实木地板木纹优美、自然的特点，而且能够起到节约珍贵木材资源的作用。表面大多涂五遍以上的优质 UV 涂料，硬度、耐磨性、抗刮性佳，而且阻燃、光滑，便于清洗。芯层大多采用可以轮番砍伐的速生材料，出材率高，成本大大低于实木地板，但其弹性、保温性等完全不亚于实木地板。

多层实木复合地板的剖面图

材料**大比拼**

种 类		特 点	价 格
三层实木复合地板		最上层为表板，都是选用优质树种；中间层为芯板，一般选用松木，因为松木有很好的稳定性；下层为底板，以杨木为主，还有松木	120 ~ 450 元 / m²
多层实木复合地板		多层实木地板的每一层之间都是纵横交错结构，层与层之间互相牵制，使导致木材变形的内应力多次抵消，所以多层实木地板是实木类地板中稳定性最可靠的	150 ~ 450 元 / m²
涂饰实木复合地板		表面涂刷有清漆或者混油漆的实木复合地板，其耐划性比较好	85 ~ 280 元 / m²
未涂饰实木复合地板		经过特殊的工艺处理，表面不再需要涂刷油漆的实木复合地板，其纹理的清晰度及美观度更高	70 ~ 240 元 / m²

选购**小常识**

1. 看厚度 实木复合地板表层厚度决定其使用寿命，表层板材越厚，耐磨损的时间就长，欧洲实木复合地板的表层厚度一般要求到 4 mm 以上。

2. 看层数 实木复合地板分为表、芯、底三层。表层为耐磨层，应选择质地坚硬、纹理美观的品种；芯层和底层为平衡缓冲层，应选用质地软、弹性好的品种。

3. 看漆面 高档次的实木复合地板，应采用高级 UV 哑光漆，这种漆是经过紫外光固化的，其耐磨性能非常好，一般可以使用十几年不需上漆。

4. 看加工 实木复合地板的最大优点是加工精度高，选择实木复合地板时，一定要仔细观察地板的拼接是否严密，相邻板应无明显高低差。

施工小贴士

CONSTRUCTION TIPS

① 铺装方式。龙骨铺装法，也就是木龙骨和塑钢龙骨铺装方法，需要做木龙骨；悬浮铺装法，采用防潮膜或者防潮垫来安装，是目前比较流行的方式；直接粘贴法，即环保地板胶铺装法；另外还包括毛地板龙骨法，即先铺好龙骨，然后在上面铺设毛地板，将毛地板与龙骨固定，再将地板铺设于毛地板之上，这种铺设方法适合各种地板。

② 验收技巧。实木复合地板安装完之后，需要注意验收，主要包括查看实木复合地板表面是否洁净、无毛刺、无沟痕、边角无缺损，漆面是否饱满、有无漏漆，铺设是否牢固等问题。

材料**搭配秘诀**
—◆— material collocational tips —

冷暖色的实木复合地板搭配可令空间更加饱满

空间面积较大，可采用冷色系实木复合地板和暖色系实木复合地板结合，结合处可用大理石线条过渡，这样可令居室环境显得更加紧凑、饱满。

▲ 以不同颜色的地板拼贴而成的餐厅，更具有围合感

实木复合地板的深浅色调应根据空间设计做合理选择

实木复合地板的纹理多样，同样的色调也有多种的选择。在具体的空间设计中，选择颜色深或者颜色浅的实木复合地板，应根据空间的整体色调。若空间的家具是深色的，实木复合地板的色调应当深一些；若家具及墙面造型颜色浅淡，相对的实木复合地板的颜色也应浅淡一些。

▲ 白色系的家具搭配深色调的实木复合地板，令卧室更具稳定性

周晓安
苏州周晓安空间装饰设计
有限公司设计总监

根据空间大小选合适的实木复合地板

实木复合地板的颜色应根据家庭装饰面积的大小而定。例如，面积大或采光好的房间，用深色实木复合地板会使房间显得紧凑；面积小的房间，用浅色实木复合地板给人以开阔感，使房间显得明亮。

▲ 浅色系的地板与白色系的家具展现客厅的舒适与温馨

强化复合地板
花色多样，价位经济

材料速查：

① 强化复合地板具有应用面广，无须上漆打蜡，日常维修简单，使用成本低等优势。

② 强化复合地板的缺点为水泡损坏后不可修复，另外脚感较差。

③ 强化复合地板的应用空间和实木地板、实木复合地板基本相同，较适合家居中的客厅、卧室等，不太适用于厨卫。

④ 强化复合地板的价格区间较大，28~280 元 / m² 的均有，质量中上等的价格在 90 元 / m² 以上。

强化复合地板的特征

强化复合地板一般是由四层材料复合组成，即耐磨层、装饰层、高密度基材层、平衡（防潮）层。这些板材并不使用实木。合格的强化地板是以一层或多层专用浸渍热固氨基树脂，覆盖在高密度板等基材表面，背面加平衡防潮层、正面加装饰层和耐磨层经热压而成。

从厚度上分有薄（8 mm）、厚（12 mm）两种。从环保性上来看，薄的比厚的好。因为薄的单位面积用的胶比较少。厚的密度不如薄的高，抗冲击能力差点，但脚感稍好点。

强化地板剖面图

材料**大比拼**

种 类		特 点	价 格
凹凸强化 复合地板		地板的纹理清晰，凹凸质感强烈，与实木地板相比，纹理更具规律性	80 ~ 180 元 / m²
拼花强化 复合地板		有多种的拼花样式，装饰效果精美，抗刮划性很高	120 ~ 350 元 / m²
平面强化 复合地板		这是最常见的一种强化复合地板，即表面平整无凹凸，有多种的纹理可以选择	55 ~ 130 元 / m²
布纹强化 复合地板		地板的纹理像布艺纹理一样，是一种新兴的地板，具有较高的观赏性	70 ~ 165 元 / m²

选购**小常识**

1. 测耐磨转数　这是衡量强化复合地板质量的一项重要指标。一般而言耐磨转数越高，地板使用的时间越长，强化复合地板的耐磨转数达到 10 000 转为优等品，不足 10 000 转的产品，在使用 1 ~ 3 年后就可能出现不同程度的磨损现象。

2. 看基材　将地板对破开，看里面的基材，好的基材里面没有杂质，颜色较为纯净，差的地板基材里面用肉眼就能看见大量杂质。有的板材使用速生林，木材 3 ~ 5 年就开始出现基材不稳定，但 FSC 认证的板材对于木种有着严格的限制，所以木质基材较好。

3. 选性价比　国产和进口的强化地板在质量上没有太大的差距，不用迷信国外品牌。目前国内一线品牌复合地板的质量已经很好，在各项指标上均不会落后进口品牌。甚至很多国产优质品牌强化地板一直在出口包括美国、俄罗斯、欧洲等地区。

CONSTRUCTION TIPS

① **铺设强化地板。**基层地面要求平整、干燥、干净。首先要检查地面平整度，因强化复合地板厚度较薄，所以铺设时必须保证地面的平整度，一般平整度要求地面高低差小于或等于 3 mm/m²；另外，门与地面的间距应留有间隙，保证安装后留有约 5 mm 的缝隙。其次是要注意检查地面湿度，若是矿物质材料的地面，其相对应湿度应小于 60%。

② **安装检查地面。**平整、干燥、干净、窗、门齐全，无渗水、漏水的可能，排水畅通。门与地面的间距应留有间隙，保证安装后留有约 5 mm 的缝隙。

▲ 暖色调的强化复合地板给人温暖感

材料搭配秘诀
— material collocational tips —

强化复合地板防水性能更佳

防水板是在强化复合地板的企口处，涂上防水的树脂或其他防水材料，阻止外部的水分潮气侵入，也使内部的甲醛不容易释出，使得地板的环保性、使用寿命都得到明显提高，尤其适合大面积铺设在餐厅中。

Designer 设计师微课堂

王五平
深圳太合南方建筑室内设计
事务所总设计师

强化复合地板适用于实用、便捷的家居装修

强化复合地板的价格低廉，无须上漆打蜡，具有耐磨、防滑、耐压的特点，而且色彩款式多样，满足了简约风格的个性化需求，更节省了大量的养护时间。

◀ 拼花的强化复合地板既防水又环保，令空间彰显时尚美感

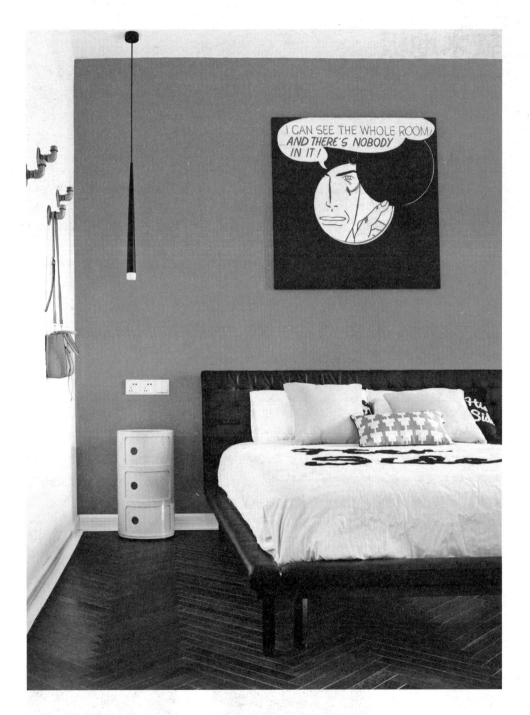

强化复合地板的拼花设计既精美，又颇具档次

为了追求居室效果更加精美，以及设计的多样性，会将地面地板设计成拼花的样式。强化复合地板则具有多种的拼花样式，可以满足多种的居室设计要求。如常见的 V 字形拼花木地板、方形的拼花木地板等。

软木地板
环保，弹性、韧性佳

材料速查：

① 软木地板与实木地板相比更具环保性，隔声、防潮效果也更好一些，可以带给人极佳的脚感。另外，如需搬家，可以完整剥除软木地板，做到循环利用。

② 软木地板价格要比一般的地板贵得多；另外，软木地板不易打理，难保养，一粒小小的沙子也可使其无法 承受，因此没有太多时间保养地板的家庭，不建议使用。

③ 软木地板适合应用于卧室、书房中，其柔软、舒适的特性，可减轻意外摔倒造成的伤害，因此非常适合在老人房和儿童房中使用。

④ 软木地板的价格在 500~1200 元 /m² 之间，较适合豪华装修。

软木地板的类别

软木地板可分为粘贴式软木地板和锁扣式软木地板。

粘贴式软木地板一般分为三层结构，最上面一层是耐磨水性涂层，中间一层是纯手工打磨的珍稀软木面层，最下面一层是工程学软木基层；锁扣式软木地板一般分为六层：第一层是耐磨水性涂层；第二层是软木面层，该层为软木地板花色；第三层是一级人体工程学软木基层；第四层是 7 mm 厚的高密度密度板；第五层是锁扣拼接系统；最下面第六层是二级环境工程学软木基层。

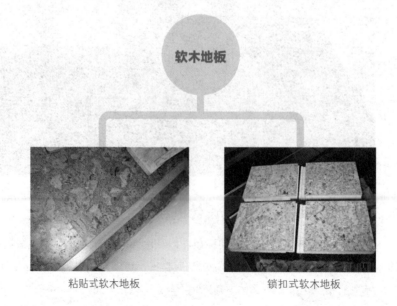

软木地板

粘贴式软木地板　　　　　　锁扣式软木地板

选购**小常识**

1.看光滑度 先看地板砂光表面是不是很光滑，有没有鼓凸的颗粒，软木的颗粒是否纯净，这是很关键的一步。

2.看颜色 软木地板的好坏一是看是否采用了更多的软木。软木树皮分成几个层面：最表面的是黑皮，也是最硬的部分，黑皮下面是白色或淡黄色的物质，很柔软，是软木的精华所在。

3.看弯曲度 将地板两对角线合拢，观其弯曲表面是否出现裂痕，无则为优质品。

4.看密度 软木地板密度分为 $400 \sim 450\,kg/m^3$、$450 \sim 500\,kg/m^3$ 以及大于 $500\,kg/m^3$ 三级。一般家庭选用 $400 \sim 450\,kg/m^3$ 足够，若室内有重物，则可选稍高些的。

CONSTRUCTION TIPS

① 在铺设软木地板时，要对有缺陷的原始地面进行修补处理，并且进行打磨吸尘。铺装前要对地面进行画线，且由中间向两边开始铺，对想要铺设的图案要提前设计好，避免损耗产生的浪费；胶水要求用专用的环保水性胶，滚涂时要均匀，且越薄越好（特别需要注意的是对潮湿的地方或有地暖的地方不要用万能胶，以防起鼓和开胶）。

② 居室如果原来就铺有地砖或者地板，想要换成软木地板，可以直接加铺，不用去除基层。

软木地板的花纹类别示例

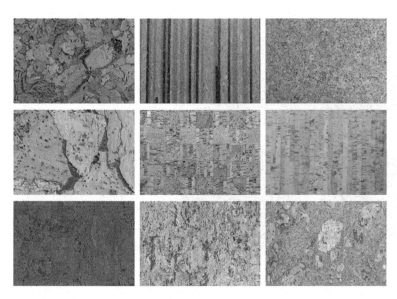

竹木地板
色差较小，冬暖夏凉

材料速查：

① 竹木地板无毒，牢固稳定，经过一系列特殊无害处理后的竹材，具有超强的防虫蛀功能。

② 竹木地板虽然经干燥处理，减少了尺寸的变化，但因其是自然型材，所以还是会随气候干湿度变化而产生变形。

③ 竹木地板具有竹子的天然纹理，给人一种回归自然、高雅脱俗的感觉，因此十分适用于禅意家居和日式家居中。

④ 竹木地板的热传导性能、热稳定性能相对比其他木制地板好，加上其冬暖夏凉、防潮防水的特性，因此特别适宜做热采暖的地板。

⑤ 竹木地板的价格差异较大，$300 \sim 1200$ 元 $/m^2$ 的皆有；部分花色如菱纹图案，是将条纹以倾斜角度呈现，会产生较多的损料，因此价格昂贵，约 1200 元 $/m^2$。

竹木地板冬暖夏凉，色差小

竹子因为导热系数低，自身不生凉放热，因此具有冬暖夏凉的特点。色差较小是竹材地板的另一大特点。依照色彩，竹材地板可分为两种，一是自然色，色差比木质地板小，有丰富的竹纹，色彩匀称。自然色又可分为本色和炭化色，本色以清漆处理表面，采用竹子最基本的色彩；炭化色平和高雅，是竹子经过烘焙制成的。二是人工上漆色，漆料可调配成各种色彩，但竹纹不太明显。

自然色竹木地板

人工色竹木地板

材料**大比拼**

种　类	特　点	价　格
实竹平压地板	采用平压的施工工艺，使竹木地板更加坚固、耐划	150～280 元／m²
实竹侧压地板	采用侧压的施工工艺，这类地板的好处在于接缝处更加牢固，不容易出现大的缝隙	145～260 元／m²
实竹中横板	属于竹木地板的一种，其内部构造工艺比较复杂，但不易变形，整体的平整度较高	90～210 元／m²
竹木复合地板	表面一层为竹木，下面则为复合板压制而成	85～180 元／m²

选购**小常识**

1. 看表面　观察竹木地板的表面漆上有无气泡，是否清新亮丽，竹节是否太黑，表面有无胶线，然后看四周有无裂缝，有无刮泥子痕迹，是否干净整洁等。

2. 看漆面　要注意竹木地板是否是六面淋漆，由于竹木地板是绿色自然产品，表面带有毛细孔，会因吸潮而变形，所以必须将四周、底、表面全部封漆。

3. 看竹龄　竹子的年龄并非越老越好，最好的竹材年龄为4~6 年，4 年以下太小没成材，竹质太嫩；年龄超过 9 年的竹子就老了，老毛竹皮太厚，使用起来较脆。

4. 掂分量　可用手拿起一块竹木地板观察，若拿在手中感觉较轻，说明采用的是嫩竹，若眼观其纹理模糊不清，说明此竹材不新鲜，是较陈的竹材。

施工小贴士

CONSTRUCTION TIPS

①施工时先装好地板，后安装踢脚板。需要使用 1.5 cm 厚的竹地板做踢脚板，安全缝内不留任何杂物，以免地板无法伸缩。

②卫浴、厨房和阳台与竹木地板的连接处应做好防水隔离处理；另外，竹木地板安装完毕后12 小时内不要踏踩。

材料**搭配秘诀**
—— material collocational tips ——

▲ 带有竹节的竹木地板使地面设计更加个性化

▲ 清新的竹木地板打造出日式家居安静、雅致的格调

竹木地板很适合日式风格的家居空间

竹木地板的特性很符合日式风格的要求，因此在日式风格的地面设计中，常可以看到铺满房间的竹木地板。有时竹木地板是作为地板出现的，有时则是设计成地台，在竹木地板的低台上铺设榻榻米，以使整体空间呈现出自然、温馨的气息。

炭化色竹木地板给人以温暖喜悦感

炭化色的竹木地板能给人温暖、丰收、愉悦的感觉。通过竹木地板的质感处理可以获得或苍劲古朴、或风雅自然的室内风格。

设计师 微课堂
Designer

赖小丽
广州胭脂设计事务所创始人 /
设计总监

竹木地板的不同颜色带给人不同的感受

譬如绿色竹木地板给人以安静、清新、祥和的感觉，让人联想起竹林、春天、希望等；而黄色竹木地板却能给人以一种温暖、丰收、愉悦的感觉。总之，竹木地板的色彩和质感是其在室内设计中需要考虑的双重属性。两者相辅相成，才能获得良好的室内艺术效果。

▲ 浅色系的炭化竹木地板与壁画结合彰显出法式的豪华气息

▲ 具有自然纹理的炭化竹木地板衬托出空间修身养性的意境

楼梯踏步
宜根据需要具体选择

材料速查：

　　① 楼梯常见于别墅、复式等两层以上的室内环境中，宜结合家庭人口情况，如有老人和小孩就要考虑舒适性和防滑等。

　　② 楼梯踏步主要有木质、砖石、玻璃、塑胶等几种，可以根据室内风格、颜色结合楼梯的建筑方式，来进行具体的挑选。

材料**大比拼**

种类		特点	价格
木质踏步		木质踏步是最常见的踏步材料，可分为超耐磨、强化和实木三种，超耐磨型容易热胀冷缩，价格比较便宜，每平方米约为 150 元；强化型比较稳定，不易变形，每平方米约为 250 元；实木型价格较贵，与地板一样，花纹自然，养护比较麻烦，根据树种的不同每平方米从 300 元至几千元都有	大于 150 元 / m²
砖石踏步		砖石类踏步有天然石材和瓷砖两大类，包括大理石、花岗岩和瓷砖等，款式非常多，也是比较常见的一种楼梯踏步材料，相对来说耐磨度、稳定度都比较高，但是触感比木质地材要冷硬很多，且容易滑倒，所以需要止滑垫、防滑条，不太适合有老人和孩子的家庭	145～260 元 / m²
玻璃踏步		玻璃踏步出现在家居环境中比较少，并不是所有的楼梯都能够使用玻璃踏步，需要底部为钢结构的款式才能够使用。玻璃踏步相比其他几种来说，非常个性、时尚，养护方便，虽然做了钢化处理也不能用重物来磕碰，比较脆弱	90～210 元 / m²
塑胶踏步		塑胶踏步的普通款多用于人流比较多的场所，家居中多用仿石材、木纹等款式。塑胶踏步的价格比较低，具有出色的防滑效果，养护比较方便，耐磨、防潮、防虫蛀，但是怕热，用烟头等烫过后会留下明显的痕迹	85～180 元 / m²

多数可选木质地材

实木地材与其他材质不同，给人以自然、亲切、安全、舒适之感，特别适合三口之家、三代同堂等有老人和孩子的家庭，但是价格比较贵。建议选择花梨木、金丝柚木、樱桃木、山茶木、沙比利等材质密度较大、质地较坚硬的实木来加工楼梯，这些木材制品经久耐用，年头越长越会显露出天然木材的珍贵和高雅，具有升值价值。

▲ 木质楼梯给人带来安全感

Designer 设计师 *微课堂*

李文彬
武汉桃弥设计工作室设计总监

玻璃、金属楼梯打造现代感

金属结构玻璃踏步的楼梯最为现代、时尚，其造型新颖多变，不占用太多空间，安装拆卸方便，能够从多方面满足年轻一族的品位。其形式具有强烈的时代气息，并能够体现旋转的魅力。

砖石要做防滑处理

瓷砖和天然石材也是运用比较多的踏步面材，天然石材纹理自然、多变，具有不可比拟的装饰效果，特别能够彰显出华丽的感觉；瓷砖是天然石材的最佳替代品，品种多样、花纹丰富，且不含辐射，价格也比较低，缺点是比木质冷硬，但是比较好打理。需要注意的是，如果选择的不是防滑系列，面层宜安装防滑垫或者防滑条。家居中安装防滑条不太美观，可以在踏步上做防滑沟，更为美观、自然。

▲ 天然石材的楼梯踏步彰显活力

PVC 地板

潮流新
建 材

耐磨，超轻薄，施工简单

材料速查:

① PVC 地板具有质轻、尺寸稳定、施工方便、经久耐用等特点。

② PVC 地板的不足之处是不耐烫、易污染，受锐器磕碰易受损。

③ PVC 地板的花色、图案种类繁多，或富丽堂皇，或高贵肃穆，或淡雅宁静等，因此可以根据家居风格任意选择。

④ PVC 地板的材质为塑胶，因此怕晒也怕潮，不建议用于阳台、卫浴的地面铺设，容易引起翘曲和变形。

⑤ PVC 地板的价格低廉，一般为 100~250 元 /m²。

材料大比拼

种 类		特 点	价 格
片材		优点：PVC 片材地板铺装相对卷材简单，破损时，维修相对简便，对地面平整度要求相对卷材不是很高，价格通常较卷材低； 缺点：接缝多，整体感、外观档次相比卷材低，质量参差不齐，铺装后卫生死角多	40 ~ 150 元 / m²
卷材		优点：接缝少，整体感强，卫生死角少，PVC 含量高，脚感舒适，外观档次高，正确铺装因产品质量而产生的问题少，价格通常较片材高； 缺点：对地面的反应敏感程度高，要求地面平整、光滑、洁净等。铺装工艺要求高、难度大，破损时维修较困难	80 ~ 250 元 / m²

选购**小常识**

1. 看厚度 PVC 地板的厚度主要由两方面决定，即底料层厚度和耐磨层厚度。原则上越厚的地板使用寿命越长，但选购时主要还是要看耐磨层的厚度。家庭使用一般情况下选用厚度和耐磨层均在 2~3 mm 的 PVC 地板即可。

2. 看韧度 可以通过反复弯曲折叠 PVC 地板，看经多次弯曲折叠后，产品和最初有什么变化。好的产品没有任何变化；中等产品会有明显的拉伸痕迹，而且不能还原；而低档产品当时就会被折断。

材料**搭配秘诀**

——— material collocational tips ———

木纹 PVC 地板令空间氛围更加高档

PVC 地板纹路逼真美观，配以丰富多彩的辅料和装饰条，能组合出不同的装饰效果。在家居环境中，会有仿实木地板的感觉，令空间氛围显得更加高档。

CONSTRUCTION TIPS

① **铺贴。** PVC 地板的安装施工非常快捷，不用水泥砂浆，地面平整的用专用环保黏结剂黏合，24 小时后即可使用；另外铺设 PVC 地板不会破坏原有地材，若想更换花色，直接在上面重叠铺设即可。

② **可自行处理。** 若家中的 PVC 地板不小心留有刮痕，可以亲自动手替换，首先用手把较粗的美工刀划过有刮痕的 PVC 地板一角，使地板的一角翘起，顺势撕下整片地板，接着在地板四周与中间涂适量的三秒胶，最后铺上更换的塑胶地板即可，粘好后压几秒固定。

◀ 纹路逼真的 PVC 地板给地中海的卧室带来恬静感

潮流新建材

亚麻地板
环保，不易褪色

材料速查：

① 亚麻地板的花纹和色彩由表及里纵贯如一，能够保证地面长期亮丽如新。

② 亚麻地板在温度低的环境下会断裂，并且不防潮。

③ 亚麻地板比较适用于现代风格和简约风格的家居空间。

④ 亚麻地板较适合用于客厅、书房和儿童房，但因原料多为天然产品，表面虽做了防水处理，防水性能仍不理想，因此不适合用在地下室、卫浴等潮气和湿气较重的地方，否则地板容易从底层腐烂。

⑤ 亚麻地板的价格较高，一般为 500~700 元 /m²，较适合高档装修。

亚麻地板原料天然，环保无毒

亚麻地板亮丽、美观的色彩是由环保有机颜料创造出来的，所使用的颜料不含重金属（如铅或镉）或者其他有害物质，而且对环境没有任何影响。因为使用天然原料，生产过程无污染，所以亚麻地板环保、不褪色，使用中不释放甲醛、苯等有害气体，废弃物能生物降解。

不同颜色的亚麻地板

选购**小常识**

1. **观察表面**　用眼观察亚麻地板的表层木面颗粒是否细腻，可以将清水倒在地板上判断其吸水性。

2. **闻味道**　用鼻闻亚麻地板是否有怪味，因亚麻地板的材料天然，如果有怪味的话，则说明不是好的地板。

CONSTRUCTION TIPS

① **施工准备**。施工前，需将亚麻地板预放置 24 小时以上，同时按箭头同方向排放，卷材要按生产流水编号施工。

② **铺贴**。亚麻地板铺装时注意接缝，不可将接缝对接过紧以免翘边，也不可使缝隙过大，标准以可以插进一张复印纸为宜。铺装后进行赶气的同时用铁轮均匀擀压。地板接缝及墙边用小压滚赶压。另外，亚麻地板还有专门搭配的同色焊条，施工时在接缝处挖出槽沟，再用热熔焊条连接两块板，可以打造出无缝效果。

亚麻地板的拼贴方式

潮流新
建材

炭化木
防腐，不易变形

材料速查：

① 炭化木地板可以有效地防止微生物的侵蚀，也防止虫蛀，同时防水、防腐，可以经受比较恶劣的环境，不用费心打理。

② 炭化木地板比较适用于乡村风格和田园风格的家居空间。

③ 炭化木一般在厨房、卫生间或阳台的地面和墙面使用，还可以被用来制造成其他户外的用品，比如桌椅、秋千、葡萄架，甚至木屋。

④ 炭化木的价格较高，一般为 3000 元 /m²，较适合高档装修。

深度炭化木是优秀的防潮木材

深度炭化木尽管具有防腐、防虫性能，却不含任何有害物质，不但提高了木材的使用寿命，而且无特殊气味，对联结件、金属件无任何副作用，不易吸水，含水率低，是不开裂的木材。耐潮湿，不易变形，加工性能好，克服了木材表面容易起毛的弊病，里外颜色一致，表面有柔和的绢丝样亮泽，纹理显得更清晰，手感舒适，是优秀的防潮木材。

炭化木的不同纹理

选购**小常识**

1. 看木材 不同基础的炭化木价格与风格效果也会有差异，当下表层炭化木的原材多为美国花旗松，深度炭化木多为樟子松。

2. 测厚度 在购买炭化木时尽量自己携带计算器与卷尺，以防不法商贩在尺寸上做手脚，买到厚度不足尺的炭化木。

3. 找专业厂家 正规防腐木厂家生产的合格炭化木在产品上均有防伪标识，可以打电话与厂家核对产品上的编码。找知名品牌购买适合自己的炭化木，质量与服务都有保证。

4. 看木油 合格炭化木都有与之配套的木油，因为炭化木在施工完毕后为了增加木材抗紫外线性能必须刷木油。

施工小贴士

CONSTRUCTION TIPS

由于炭化木是在高温的环境下处理的，木头内的多糖（纤维素）高温分解形成单糖，单糖附着在木材表面，随着时间的增长，表面易发生腐朽，表面呈褐色或黑褐色。同时，炭化木吸收结合水的能力不强，但吸收自由水的能力很强。为了减缓这些现象，在炭化木的表面最好每 3 年左右就涂饰保护油漆。

材料**搭配秘诀**
—— material collocational tips ——

炭化木令卫浴间充满大自然的古朴气息

炭化木拥有防腐及抗生物侵袭的作用，非常适合用于卫浴空间中，其古朴的色调和自然的纹理令人远离城市的喧闹，如同置身于原始森林中一般舒畅自然。

▶ 炭化木帮助打造古朴、自然的卫浴间

潮流新建材

榻榻米
方便储物，可调节湿度

材料速查：

① 榻榻米主要是木质结构，整体上就像是一个"横躺"带门的柜子，因此在选材上有很多种组合。然而，由于一般家庭的榻榻米大部分被设计在卧室、书房或者多功能客厅的地面上，要具有承重性。

② 榻榻米的席面为蔺草，底层有天然稻草和木纤维两种，厚度 15 ～ 60 mm，填充物能够吸放湿气，调节温度，同时有吸汗、除臭的功效，夏天使用非常凉爽。

使用榻榻米既省钱又彰显异国情调

榻榻米对儿童的生长发育及中老年人的腰椎、脊椎的保养有功效，幼儿使用不用担心摔着。隔声、隔热、持久耐用、搬运方便，尽显异国情调，可在最小的范围内，展示最大的空间，它具有床、地毯、凳椅或沙发等多种功能，同样大小的房间，铺"榻榻米"的费用仅是西式布置的三分之一。

现代榻榻米

传统日式榻榻米

榻榻米的结构

现代榻榻米是采用日本先进技术和设备，选用优质稻草为原料，通过高温熏蒸杀菌处理，压制成半成品后经手工补缝、蒙铺表面的天然草席，再包上两侧装饰边带制成的。一张品质优良的榻榻米大约重 30 kg。榻榻米是草绿色的，使用时间长了后，因日照发生氧化，会变成竹黄色。

榻榻米的构造分三层：底层是防虫纸，中间是稻草垫，最上面一层铺蔺草席，两侧进行封布包边，包边上一般都有传统的日式花纹。

选购**小常识**

1. **表面**　榻榻米的绿色席面应紧密均匀紧绷，双手向中间紧拢没有多余的部分；黄色席面的种类，用手推席面，应没有折痕。

2. **草席**　榻榻米草席接头处，"丫"形缝制应斜度均匀，棱角分明。

3. **包边**　应针脚均匀、米黄色维纶线缝制，棱角如刀刃。

4. **底部**　底部应有防水衬纸，采用米黄色维纶线，无跳针线头，通气孔均匀。

5. **厚度**　上下左右、四周边厚度应相同，硬度相等。

劣质榻榻米表面有一层发白的泥染色素，粗糙且容易褪色。填充物的处理不到位，使草席内掺杂灰尘、泥砂。榻榻米的硬度不够，易变形。

Designer 设计师微课堂

陈秋成
苏州周晓安空间装饰设计
有限公司设计师

榻榻米的使用建议

如果家里的榻榻米是带有储物空间的，建议地箱内放置的物品为不常用物品，由于榻榻米比较沉重，常用物品不方便存取。榻榻米较硬，适合有腰椎问题和长身体的人，如果不是需要睡硬床的人睡会感觉难受。榻榻米需经常清理，因为其缝隙内易藏灰尘，不常清理容易产生细菌。

材料**搭配秘诀**
— material collocational tips

升降桌与榻榻米结合更实用

在卧室中，现代的榻榻米可设计成下面是可以打开放东西的柜子，中间设计一个小型升降桌，这样围着升降桌喝茶、聊天，不需要盘腿，更符合中国人的习惯。

▲ 素色的榻榻米席面更具古朴感

▲ 升降桌的设计可方便三五好友喝茶聊天

▲ 传统的日式榻榻米为居室带来禅意

传统日式榻榻米对身体有益处

传统日式榻榻米采用中空纤维填充，有天然的防螨、防霉效果，可以将身体的重力做平均的分摊，有效排除睡眠时身体散发的湿热空气，保持清爽。另外中间的一层固体棉起到很好的支撑作用，睡起来既不会太软也不会太硬。

▲ 淡雅的原木色榻榻米与绿色系的草席结合，令空间更显清爽

第 三 章

顶面材料汇总

顶 面

吊顶在整个居室装饰中占有相当重要的地位，不仅能美化室内环境，还能营造出丰富多彩的室内空间艺术形象。在选择吊顶装饰材料与设计方案时，要遵循既省材、牢固、安全，又美观、实用的原则。

装饰线
增加空间的层次感

材料速查：

① 装饰线具有防火、质轻、防水、防潮，不龟裂、防虫蛀，尺寸可根据具体情况定制等优点。

② 装饰线的缺点为材质会热胀冷缩，接缝处会产生开裂。

③ 装饰线适用于顶面与墙面的衔接处，可以丰富层次感；在客厅、餐厅、书房、卧室、儿童房中的应用较广泛。

④ 装饰线的基本线条约 20 元 /m，雕花上色的款式为 20 ~ 50 元 /m。

装饰线可以雕刻出多种形状

装饰线除了可用在墙面与顶面衔接处外，还可以用在顶面做装饰。且除了线条外，方便雕刻、容易上色的 PU 材质还可以雕刻出小天使、葡萄藤蔓、壁炉花纹、几何图形等，还可以制作出仿古白、金箔色、古铜色等各种色系，与同系列的装饰线组合使用更出彩。

选购**小常识**

1. 掂重量 选购时可以掂量一下装饰线的重量，密度不达标的装饰线较轻。

2. 看细节 装饰线是以模具制作而成，好的装饰线花样立体感十足，在设计和造型上均细腻别致。

3. 依面积挑选 面积大的空间搭配宽一些的款式较协调，雕花或纹路可以复杂一些，以打造华美的效果，特别是欧式风格的居室；而面积小一些的空间，建议采用窄一些的线条，款式以简洁为佳。

材料**搭配秘诀**
——◆—— material collocational tips ——

装饰线可根据风格的不同做描漆处理

欧式风格的客厅一般着重于华丽感的塑造，传统的白色装饰线会稍显单调，而少部分做描金漆可增强空间的豪华感。

施工小贴士

CONSTRUCTION TIPS

① 施工时先在装饰线的底部接缝处涂一层万用胶，使装饰线与壁面紧密接合，除了能降低热胀冷缩的情况，还能有效降低气枪使用次数，并维持装饰线的外观完整度。

② 钉钉子的时候若有钉头出现，要在不影响木纹的情况下用钉冲把钉子钉入。

③ 装饰线的角与角之间，要特别注意线与纹路是否吻合，要做好密合工作。

▼ 吊顶繁复的雕花搭配金漆点缀的装饰线尽显奢华

石膏板
保温隔热，易加工

材料速查：

① 石膏板具有轻质、防火、加工性能良好等优点，而且施工方便、装饰效果好。

② 不同种类的石膏板适用于不同的家居环境，如平面石膏板适用于各种风格的家居；而浮雕石膏板则适用于欧式风格的家居。

③ 不同品种的石膏板使用的部位也不同。如普通纸面石膏板适用于无特殊要求的部位，像室内吊顶等；耐水纸面石膏板适用于湿度较高的潮湿场所，如卫浴等。

④ 石膏板的价格低廉，一般为 35 ~ 150 元 / 张。

材料**大比拼**

种　类	特　点	价　格
纸面石膏板	纸面石膏板是经济和最常见的品种，适用于无特殊要求的场所（连续相对湿度不超过 65%）。9.5 mm 的普通纸面石膏板做吊顶或间墙容易发生变形，因此建议选用 12 mm 以上的石膏板	40 ~ 105 元 / 张
防水石膏板	这种石板吸水率为 5%，能够用于湿度较大的区域，如卫生间、沐浴室和厨房等，该板是在石膏芯材里加入定量的防水剂，使石膏本身具有一定的防水性能	55 ~ 150 元 / 张
穿孔石膏板	以特制高强纸面石膏板为基板，采用特殊工艺，表面粘压优质贴膜后穿孔而成。具有吸声功能，又美观环保，便于清洁和保养。主要用于干燥环境中吊顶造型的制作	40 ~ 105 元 / 张
浮雕石膏板	在石膏板表面进行压花处理，适用于欧式和中式的吊顶中，能令空间更加高大、立体。可根据具体情况定制	35 ~ 150 元 / m²

选购**小常识**

1. 看纸面　纸面的好坏直接决定着纸面石膏板的质量，优质纸面石膏板的纸面轻且薄，强度高，表面光滑没有污渍，韧性好。劣质板材的纸面厚且重，强度差，表面可见污点，易碎裂。

2. 看石膏芯　高纯度的石膏芯主料为纯石膏，而低质量石膏芯则含有很多有害物质，从外观看，好的石膏芯颜色发白，而劣质的发黄，颜色暗淡。

3. 看纸面黏结　用壁纸刀在石膏板的表面画一个"X"形，在交叉的地方撕开表面，优质的纸层不会脱离石膏芯，而劣质的纸层可以撕下来，使石膏芯暴露出来。

4. 看检测报告　委托检验的石膏板可以特别生产一批板材送去检验，并不能保证全部板材的质量都是合格的。而抽样检验，是不定期地对产品进行抽样检测，有这种报告的产品质量更具保证。

CONSTRUCTION TIPS

① 对石膏板进行施工时，面层拼缝要留 3 mm 的缝隙，且要双边坡口，不要垂直切口，这样可以为板材的伸缩留下余地，避免变形、开裂。

② 纸面石膏板必须在无应力状态下进行安装，要防止强行就位。安装时用木支撑临时支撑，并使板与骨架压紧，待螺钉固定完，才可撤出支撑。安装固定板时，应从板中间向四边固定，不可以多点同时作业，固定完一张后，再按顺序安装固定另一张。

分层安装的石膏板吊顶

沈 健

苏州周晓安空间装饰设计有限公司设计师

石膏板存放要注意防潮

石膏板的存放处要干燥、通风，避免阳光直射。存放的地面要平整，最下面一张与地面之间、每张板材之间最好添加至少 4 根枕木条，平行放置，使板材之间保留一定距离。单板不要伸出垛外，可斜靠或悬空放置。如果需要在室外存放，需要注意防潮。

材料**搭配秘诀**
— material collocational tips —

▲ 顶面采用弧形石膏板内贴饰面板与整体氛围非常和谐

▲ 圆弧形的吊顶把不规则的空间装点得更加浪漫

石膏板适合制作带有弧度的造型

在墙面或者顶面中，设计一些有弧度的造型，基本都是靠石膏板来完成的，然后在石膏板造型的表面涂刷乳胶漆。另外，在餐厅或卧室顶面用石膏板设计成圆弧形，可以营造一种圆润、舒适的空间感。

Designer
设计师微课堂

徐鹏程
微视大观艺雕国际装饰设计
有限公司设计总监

井格式石膏板吊顶房间需高于 2.85 m

井格式石膏板吊顶在感官上能给人增加空间高度的感觉，十分符合向往低调奢华的简欧风格客厅中使用。但是做井格式石膏板吊顶的前提是房间必须高于2.85 m，且房间较大，不然就会适得其反，给人压抑感。

井格式石膏板吊顶令客厅更具浪漫气息

石膏板配合灯具以及单层或多种装饰线条制作成的井格式吊顶，丰富中不乏大气的自然美感，清晰硬朗的线条可以令客厅充满浪漫感，尤其适用于欧式和美式风格。

▲ 井格式石膏板吊顶与水晶灯结合，彰显简欧风格的浪漫和华丽

硅酸钙板
环保，防火，耐久

材料速查：

① 硅酸钙板具有强度高、重量轻的优点，并有良好的可加工性和不燃性，不会产生有毒气体。
② 硅酸钙板安装后更换不容易，安装时需用铁质龙骨，因此施工费用较贵。
③ 硅酸钙板比较适用于现代风格、简约风格，以及北欧风格的家居环境。
④ 硅酸钙板价格区间为 40 ~ 150 元 / 张。

硅酸钙板与石膏板的比较

　　硅酸钙板在外观上保留了石膏板的美观，在重量方面大大低于石膏板，强度高于石膏板，改变了石膏板易受潮变形的缺点，延长了板材的使用寿命；在隔声、保温的方面优于石膏板。石膏板的功能比较强大，能够做各种造型。

平面硅酸钙板

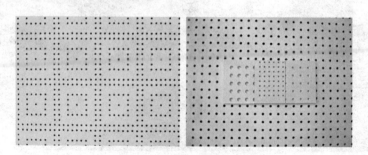

穿孔硅酸钙板

选购**小常识**

1. 看产品是否环保　是否符合《建筑材料放射性核素限量》（GB 6566—2010）规定的 A 类装修材料要求。

2. 小心含石棉的产品　在选购时，要注意看背面的材质说明，部分含石棉等有害物质的产品会有害健康。

3. 看售后服务　售后服务是最能体现一个产品质量的关键。一流的生产商会将客户使用过程中可能遇到的问题考虑周全，制定相关售后服务，彻底解决使用者的后顾之忧。

4. 别贪图便宜　很多低价出售的材料通常都是粗制滥造或生产不达标的材料，因此最好到正规市场的授权经销商处购买，授权经销商的进货渠道、产品质量和销售服务均有保障。

材料**搭配秘诀**

——— material collocational tips ———

处理硅酸钙板表面可令空间更具表现力

在硅酸钙板表面漆上喜好的色彩或粘贴壁纸；或者选择表层印有图案的硅酸钙板。都可以令板材更具表现力。

施工小贴士

CONSTRUCTION TIPS

① 硅酸钙板在施工时，会有钉眼，因此外层需要上一层墙面漆，或者覆盖装饰面板、壁纸等做美化处理。

② 施工时，为了避免日后热胀冷缩的变化，造成墙壁的变形，在板材与板材之间可保留 0.2～0.3 cm 的间隙，为变化做准备，避免发生变形。

③ 采用硅酸钙板作为吊顶材料时，以厚度为 6 mm 的产品最为常用；施工费用连工带料为 160～200 元 / m²。

④ 若硅酸钙板用于墙面施工，必须搭配轻质隔墙板来施工，轻间隔大致可分为干挂、湿式施工两种。干挂施工用木骨架搭配 C 形钢，并填入隔音棉；湿式施工则是在两块硅酸钙板中，以 C 形钢填入轻质填充浆。

▼ 特殊造型的硅酸钙板隔墙既能装饰空间，又能起到隔声、防火的效果

PVC 扣板
质轻，防潮，易清洁

材料速查：

① PVC 扣板表面的花色图案变化丰富，并且具有重量轻、防水、防潮、阻燃等优点，且安装简便。

② 由于 PVC 扣板的主材是塑料，因此缺点为物理性能不够稳定，时间长了会变形。

③ PVC 扣板的花色、图案很多，可以根据不同的家居环境进行选择。比如，田园风格的家居可以选择米黄色带有花纹的板材；而中式风格的居室可以选格花图案的板材。

④ PVC 扣板多用于室内厨房、卫浴的顶面装饰。其外观呈长条状居多，宽度为 200~450 mm 不等，长度一般有 3000 mm 和 6000 mm 两种，厚度为 1.2~4 mm。

⑤ PVC 扣板的价格低廉，一般为 10~65 元 / m²。

PVC 扣板的色彩花纹多样

PVC 吊顶型材是中间为蜂巢状空洞、两边为封闭式的板材。表层装饰有单色和花纹两种，花纹又有仿木兰、仿大理石、昙花、蟠桃、格花等多种图案；花色品种又分为乳白、米黄、湖蓝等色。

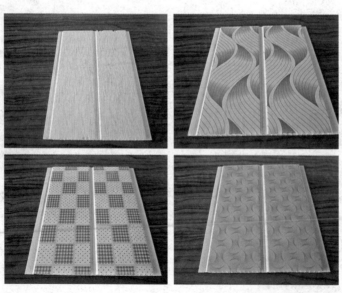

PVC 扣板的花纹

施工小贴士

CONSTRUCTION TIPS

① 先测量需要安装吊顶的尺寸，这一步在 PVC 扣板吊顶安装过程中是至关重要的，以后的选材、安装都要根据这个尺寸来。

② 根据同一水平高度装好收边角系列，按照合适的间距吊装轻钢龙骨（38 系列或 50 系列的龙骨），一般间距 1~1.2 m，吊杆距离按轻钢龙骨的规定分布。

③ 把预装在 PVC 扣板龙骨上的吊件，连同 PVC 扣板龙骨紧贴轻钢龙骨并与轻钢龙骨成垂直方向扣在轻钢龙骨下面，PVC 扣板龙骨间距一般为 1 m，全部装完后必须调整水平（一般情况下建筑物与所要吊装的铝板的垂直距离大于或等于 600 mm 时，不需要在中间加 38 系列龙骨或 50 系列龙骨，而使用龙骨吊件和吊杆直接连接）。

④ 将 PVC 扣板按顺序并列平行扣在配套龙骨上，连接时用专用龙骨连接件接驳。

材料**搭配秘诀**
—————— material collocational tips —

单色系的 PVC 吊顶为空间带来极致的简洁

如果想要突出空间的简洁性，PVC 扣板显然比铝扣板更合适。PVC 扣板比铝扣更大，也就是说，可以用少量的 PVC 扣板便可完成吊顶的拼接，实现吊顶的简洁化。在实际设计中，可以选择单色系的 PVC 扣板，花色也不要太鲜艳，这样就可以实现最大化的简洁，突出空间的简约美。

▶ 淡米色的 PVC 扣板与墙面砖相互搭配，凸显出卫生间的整体简洁性

选购**小常识**

1. 看外观 外表要美观、平整，色彩图案要与装饰部位相协调。无裂缝、无磕碰，能装拆自如，表面有光泽、无划痕；用手敲击板面声音清脆。

2. 看横截面 PVC 扣板的截面为蜂巢状网眼结构，两边有加工成型的企口和凹槽，挑选时要注意企口和凹槽完整平直，互相咬合顺畅，局部没有起伏和高度差现象。

3. 看韧性 用手折弯不变形，富有弹性，用手敲击表面声音清脆，说明韧性强，遇有一定压力不会下陷和变形。

4. 闻味道 如带有强烈刺激性气味则说明环保性能差，对身体有害，应选择刺激性气味小的产品。

5. 看性能 指标产品的性能指标应满足热收缩率小于 0.3%、氧指数大于 35%、软化温度 80 ℃以上、燃点 300 ℃以上、吸水率小于 15%、吸湿率大于 4%。

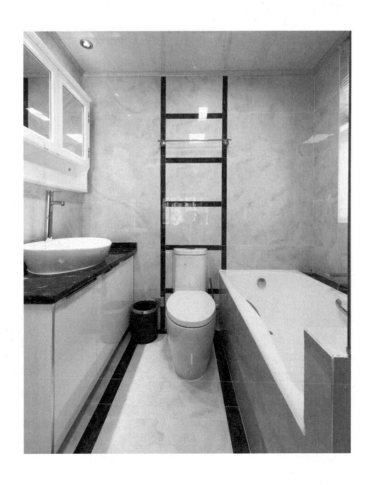

铝扣板
色彩多样，便于养护

材料速查：

① 铝扣板耐久性强，不易变形、不易开裂，质感和装饰感方面均优于 PVC 扣板，且具有防火、防潮、防腐、抗静电、吸声等特点。

② 铝扣板吊顶的安装要求较高，特别是对于平整度的要求最为严格。

③ 铝扣板在室内装饰装修中，多用于厨房、卫浴的顶面装饰。

④ 建材市场上的铝扣板品牌不少，价格也从数十元到上百元不等（30~500 元 / m^2），其中优质的铝扣板是以铝锭为原料，加入适当的镁、锰、铜、锌、硅等元素而组成。

家装铝扣板的类型

家装铝扣板最开始主要以滚涂和磨砂两大系列为主，随着技术的发展，家装集成铝扣板已经五花八门，各种不同的加工工艺都运用到其中，像热转印、釉面、油墨印花、镜面、3D 等系列是近年来最受欢迎的家装集成铝扣板，家装集成铝扣板是以板面花式、使用寿命、板面优势等取得市场认可。

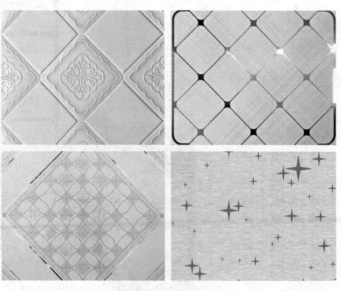

家装铝扣板的纹路

CONSTRUCTION TIPS

① **安装顺序**。厨房安装铝扣吊顶，需要先固定抽油烟机的软管烟道，确定了位置后，再安装吊顶；卫浴需要先安装浴霸和排风扇，最后才安装吊顶。

② **尺寸大小**。需要提前把灯具、浴霸等用具的尺寸和位置告诉工人，以便确定吊灯开孔位置，浴霸龙骨需要自行安装或者自制简易木架。

③ **安装位置**。安装于吊顶上的用具位置不能随便，切忌把排风扇、浴霸和灯具直接安装在扣板或者龙骨上，一般建议直接加固在顶部，防止吊顶因负载过重而变形掉落。

选购**小常识**

1. 看铝材质地 铝扣板质量好坏不全在于薄厚（家庭装修用 0.6 mm 已足够），而在于铝材质地。有些杂牌铝扣板用的是易拉罐铝材，因为铝材不好，没有办法很均匀地拉薄，只能做厚一些。

2. 听声音 拿一块样品敲打几下，仔细倾听，声音脆的说明基材好，声音发闷说明杂质较多。

3. 看韧度 拿一块样品反复掰折，看漆面是否脱落、起皮。好的铝扣板漆面只有裂纹，不会有大块油漆脱落；好的铝扣板正背面都要有漆，因为背面的环境更潮湿。

4. 看龙骨材料 铝扣板的龙骨材料一般为镀锌钢板，龙骨的精度误差范围越小，精度越高，质量越好。

5. 看覆膜 覆膜铝扣板和滚涂铝扣板表面不好区别，但价格却有很大差别。可用打火机将板面熏黑，覆膜板容易将黑渍擦去，而滚涂板无论怎么擦都会留下痕迹。

材料**搭配秘诀**
—— material collocational tips ——

购买集成铝扣板吊顶更美观

集成式铝扣板吊顶，包括板材的拼花、颜色，灯具、浴霸、排风的位置都会设计好，而且负责安装和维修，比起自己购买单片的来拼接更为省力、美观。

▶ 双色设计的集成铝扣板吊顶令顶面更加美观

潮流新
建 材

木丝吸音板
吸音佳，结构结实

材料速查：

① 木丝吸音板结构结实，富有弹力，抗冲击，安装简单，易于切割，在 85% 的湿度条件下均可使用
② 木丝吸音板独有的表面丝状纹理，给人一种原始粗犷的感觉，因此较适合简约风格和乡村风格。
③ 木丝吸音板在室内装饰装修中，可直接用于书房、卧室、客厅等需要吸音的顶面、墙面装饰。
④ 根据形状的不同价格稍有差异，从 20 ~ 102 元 / 张不等。

木丝吸音板安装简单、环保

　　木丝吸音板易于切割，安装方法简单，一般木工工具即可完成。板材由可持续性原材料加工制成，其工艺流程符合节能环保要求，不含任何对人体有害的石棉成分。木丝吸音板结合了木材和水泥的优点：重量如木材般轻盈，质地如水泥般坚固。同时具有吸音、抗冲击、防潮、防霉等优点。

材料**大比拼**

种 类		特 点	价 格
方形		造型规律、大气，适合拼接造型。一般长 600 mm、宽 600 mm、高 5 mm	40 ~ 102 元 / 张
长方形		可整体使用，避免拼接造型，这样更简洁。一般长 1200 mm、2400 mm，宽 600 mm、1200mm，高 5 mm	40 ~ 102 元 / 张
六角形		非常适合用在墙面做装饰，拼接后线条感强，层次丰富。每边长 120 mm、高为 5 mm	20 ~ 65 元 / 张

将木丝吸音板用在顶面的装饰效果

CONSTRUCTION TIPS

墙面安装

① 对基面进行处理，保持施工面的干燥与清洁，严禁在潮湿基面施工。因为潮湿或不干净的基面在封闭的情况下，极容易产生一些不健康的细菌，导致墙体发霉等情况。

② 在有龙骨的情况下，从木丝吸音板的侧面 20 mm 厚度处斜角钉入普通的不锈钢钉子，而龙骨上一般采用的是射枪钉。

③ 轻钢龙骨，在楼层较高或防火要求等级较高的时候，可能不允许施工木龙骨的情况下，一般采用爆炸螺丝把小段的木垫片固定在轻钢龙骨上，然后将木丝吸音板固定在木皮上即可。

④ 如果墙面没有龙骨时，采用玻璃胶或其他胶水直接将木丝吸音板黏结，如果有条件的情况下可以在边角用射枪钉固定。

吊顶安装

① 普通的明架或半明架龙骨安装木丝吸音板，在选择龙骨时应该选择 600 mm×600 mm 或 600 mm×1200 mm 这两种，具体要视木丝吸音板的重量而定。

② 龙骨的安装方式与墙壁龙骨安装方式大同小异，请参考上文龙骨安装方式。龙骨安装时应该佩戴安全帽，系好安全带，在多人配合的情况下进行。

③ 在架设好龙骨之后，一般采用螺钉的方式，将木丝吸音板固定在龙骨上。

潮流新
建　材

桑拿板
耐高温，易安装

材料速查：

①桑拿板是经过高温脱脂处理的板材，能耐高温，不易变形；插接式连接，易于安装。

②桑拿板做吊顶容易沾油污，不经过处理的桑拿板防潮、防火、耐高温等性能较差。

③桑拿板的木质纹理，十分适合乡村风格的家居环境。

④桑拿板应用广泛，除了应用在桑拿房外，还可以用作卫浴、阳台吊顶；也可以局部使用，如在飘窗中的应用。此外，桑拿板也可以作为墙面的内外墙板。

材料**大比拼**

种　类	特　点	价　格
红雪松桑拿板	红雪松桑拿板无节疤，纹理清晰，色泽光亮，质感好，做工精细	35～60 元 / m²
樟子松桑拿板	樟子松桑拿板是市场上最流行的产品，价格低，质感也不错	30～45 元 / m²
杉木桑拿板	以杉木为原材料的桑拿板，通常会拿来做阳台或阳光房的吊顶材料	25～55 元 / m²

选购**小常识**

1. 桑拿板分为节疤和无节疤两种，选购时应注意区分，无节疤材质的桑拿板价格要高很多。

2. 桑拿板分为国产和进口两种，可以从颜色上入手，进口桑拿板颜色要深于国产桑拿板，而且进口桑拿板具有淡淡清香。

3. 购买桑拿板之后，要拆包一片一片地看。因为桑拿板除非是自己做漆，否则买做过漆的桑拿板，由于板材特殊的装饰效果，往往允许有"色差"，一般是浅色与深色搭配使用。若搭配的片数选少了，则影响美观度，并且难找商家调换。

CONSTRUCTION TIPS

① 施工前期：完全用桑拿板做吊顶，需要用木龙骨做基层，木龙骨可用 4 cm×6 cm 杉木或防腐木，采用"H"形分布方式施工。

② 施工中期：安装第一块桑拿板十分重要，它直接决定了剩余板的位置和水平，在安装时一定要注意其平整度。在确定好桑拿板吊顶高度后，用冲击钻在墙顶水平线上打眼，钻头大小一般为1.2 cm×1.2 cm，为了保证顶吊龙骨的稳固性，孔眼之间的间距宜保持在 30 cm 左右。桑拿板龙骨通常采用木楔加钉进行固定，木楔子多采用落叶松制作，它的木质结构更为紧密，不易松动。

③ 施工验收：检查桑拿板的安装牢固度，然后看桑拿板表面的木结分布是否均匀，这会影响到桑拿板造型的美观。

桑拿板吊顶保证龙骨的稳固度

赖小丽
广州胭脂设计事务所创始人 / 设计总监

桑拿板安装好后最好做油漆处理

桑拿板安装好后需要上油漆才能达到防水、防腐的效果。但是用于桑拿房及卫浴中的桑拿板一般不建议用普通松木板刷油漆替代使用，油漆经过长时间潮湿水浸，易起皮。另外油漆难以像防腐液那样深入渗透到木材内部而达到完全防腐的目的。

材料**搭配秘诀**
— material collocational tips —

桑拿板不怕阳光直照的特点适合用在阳台

在多数的阳台吊顶设计中，都会将吊顶材质确定为桑拿板，而不是传统的石膏板吊顶。因为阳台长时间接受阳光照射，石膏板吊顶会发生翘边、掉漆的情况；桑拿板则不同，阳光照射的时间越久，吊顶则越美观。

▲ 刷清漆的桑拿板造型更具古朴质感　　　　　▲ 墙面及顶面均采用桑拿板，可以为阳台带来统一的视觉效果

▲ 卧室采用桑拿板和实木结合，彰显原生态美感

不同种类的桑拿板适用空间也不同

桑拿板的用途和种类有很多，一般市面上常见的桑拿板有樟子松、红雪松和芬兰木云杉等材质。如果使用在桑拿房中，红雪松较为合适，因其质感好，节疤纹理美观。而普通的松木桑拿板，可以用于普通室内，如电视墙等装饰部位。

▶ 客厅顶面和墙面均采用桑拿板设计，衬托自然美感

照明设备

灯具在家居空间中不仅具有装饰作用，同时兼具照明的实用功能。造型各异的灯具，可以令家居环境呈现出不同的面貌，创造出与众不同的家居环境。

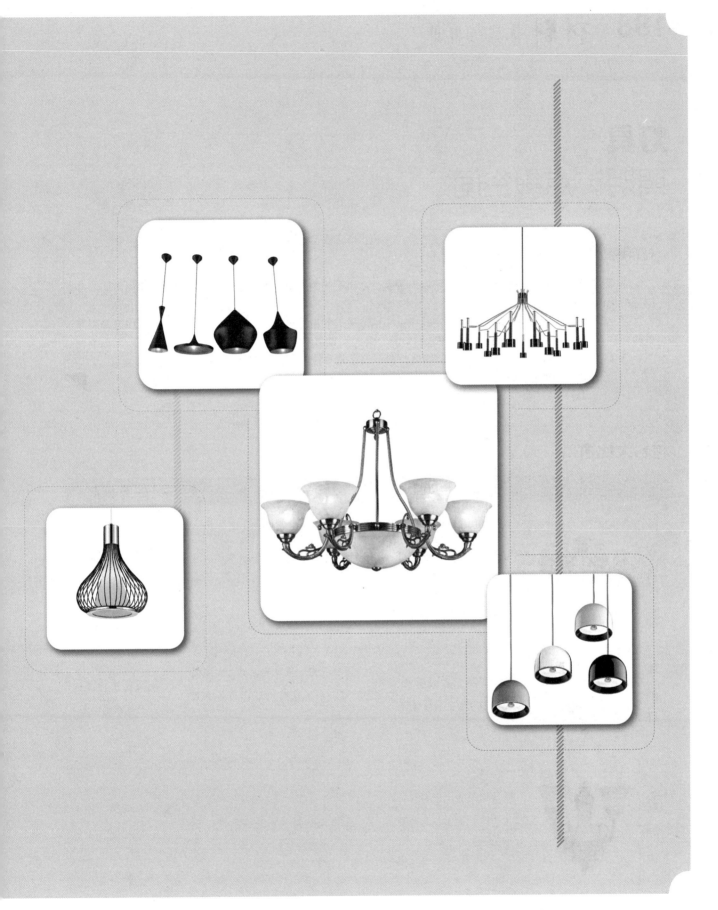

灯具
照明，点缀空间

材料速查：

　① 不同造型、色彩、材质的灯具，可以为居室营造出不同的光影效果。靠灯具的造型及位置的高低，可以轻易地改变室内的氛围。

　② 家居中各个空间都会用到灯具，空间特点不同选择的侧重点也不同。例如，客厅和餐厅可以选择装饰性较强的灯具，厨房和卫浴则应选择易擦洗的灯具，玄关和过道不宜选择大型灯具等。

　③ 灯具以盏或组计价，材质和造型不同的灯具，价格差异较大，其中进口灯具的价格尤高。

材料**大比拼**

种类		特点	分类	应用场所
吊灯		用于居室，分单头吊灯和多头吊灯两种。通常情况下吊灯的最底部不低于2.2 m	欧式烛台吊灯、中式吊灯、水晶吊灯、羊皮纸吊灯、锥形罩花灯、尖扁罩花灯、束腰罩花灯、五叉圆球吊灯	家居中的客厅、餐厅及卧室
吸顶灯		安装简易，款式简洁，具有清朗明快的视觉效果	方罩吸顶灯、圆球吸顶灯、尖扁圆吸顶灯、半圆球吸顶灯、小长方罩吸顶灯等	房高较矮的空间或卧室等休息空间
壁灯		属局部照明，兼具装饰作用。其灯泡安装高度离地面不应小于1.8 m	双头玉兰壁灯、双头橄榄壁灯、双头鼓形壁灯、双头花边杯壁灯、玉柱壁灯、镜前壁灯等	多用于欧式、中式风格的室内空间中

续表

种 类		特 点	分 类	应用场所
台灯		台灯光线集中，便于工作和学习	按材质分为陶灯、木灯、铁艺灯、铜灯等；按功能分为护眼台灯、装饰台灯、工作台灯等；按光源分为灯泡、插拔灯管、灯珠台灯等	装饰台灯应用广泛，如客厅、卧室等，护眼灯多用于书房、工作室
落地灯		装饰台灯应用广泛，如客厅、卧室等，护眼灯多用于书房、工作室	灯罩材质种类丰富，可根据喜好选择	采光方式若是直接向下投射，适合书房；一般跟随沙发组合出现
射灯		射灯光线柔和，既可对整体照明起主导作用，又可局部采光，烘托气氛	可分为下照射灯、路轨射灯和冷光射灯	可安置在吊顶四周或家具上部

自制灯具，更具个性美

除了灯的色温外，造型也是室内装饰中非常重要的一部分，近年来十分流行自制，想要室内空间更个性，可以利用各种日常用品，发挥巧思，自行制作独一无二的灯具，来装点空间。一些串珠、塑料瓶、投影片、丝巾、纱布、石头，甚至是塑料勺，都能够使平淡无奇的灯具变换出新的面貌，为生活增添情趣。

巧用铁丝和衣架　　　　　酒瓶灯　　　　　手工藤制灯

选购**小常识**

1. 选带有 3C 认证的产品　购买时要仔细查看商品是否有清晰、耐久的标志，生产厂家名称及地址、产品型号、产品主要技术参数、商标、制造日期及产品编号、执行标准、质量检验标志等各种信息是否齐全，并进行通电检查，查看产品是否可以正常工作。

2. 结合空间面积　灯具的大小要结合室内的面积考虑。如 12 m² 以下的小客厅宜采用直径 200 mm 以下的吸顶灯或壁灯，以免显得过于拥挤。15 m² 左右的客厅，宜采用直径为 300 mm 左右的吸顶灯或吊灯，灯的直径最大不得超过 400 mm。

3. 看外观　灯具的塑料壳必须选阻燃型工程塑料，表面较光滑，有光泽，灯管形状和尺寸一致者较好。外观上还不能有裂缝、松动和接口间被撬过的痕迹。若商家有调压器最好，断电状态下先把调压器调到最低启动电压（如 150 V）输出，装上一个冷态的灯，接通电源瞬间启动时闪烁少，灯管的根部不出现红光，一次性点燃者最好。

施工小贴士

CONSTRUCTION TIPS

装吊灯前要确定该空间能容纳的高度，若空间不足需将吊灯锁链缩短，甚至只留灯体，就失去了装吊灯的意义。另外，如果是木作吊顶，要先告知木工师傅将来要装多重的吊灯灯具，以做预处理。另外，过重的吊灯最好不要直接锁在线盒上，要另外打膨胀螺栓加以固定，避免过重而掉落。

材料**搭配秘诀**
—◆— material collocational tips —◆—

现代风格适用于金属或铁艺灯具

现代风格追求时尚与创意，在灯具的选择上也遵循了这一特征。常见的为铁艺灯具或烤漆金属灯罩吊灯，非常适合现代风格的家居搭配。

▶ 不规则的金属吊灯为客厅带来极致的简约感

中式风格常用仿古灯来表现雅致情怀

中式仿古灯强调古典和传统文化神韵的再现，图案多为清明上河图、如意图、龙凤、京剧脸谱等中式元素，其装饰多以镂空或雕刻的木材为主，宁静而古朴。

▲ 暖色系的仿古灯把空间衬托得更加精致

欧式风格的水晶吊灯给人以奢华高贵的感觉

在欧式风格的家居空间里，灯饰设计应选择具有西方风情的造型，比如水晶吊灯，这种吊灯给人以奢华、高贵的感觉，很好地传承了西方文化的底蕴。

▶ 水晶灯是欧式风格常用的装饰，能为空间带来奢华韵味。但适合层高较高的空间使用

▲ 圆形吸顶灯与方形的吊顶形成了方圆的组合，表现出卧室的简约设计主题

罩面吸顶灯使灯光照明更集中

罩面吸顶灯一般多设计在卧室中，主要是因为拥有更加集中的光源，不至于使一处空间过于明亮或过于阴暗，而是能烘托出一种温馨感。若罩面为布艺的材质，其照射出来的光源能在吊顶中形成光斑，起到丰富吊顶设计的效果。

◄ 吸顶灯灯罩的图案恰好呼应了双人床的图案，形成设计上的呼应

造型精美的台灯也是空间内的工艺品

一台造型精美的台灯所起到的作用，不单是为空间提供照明，更是空间装饰设计的重要组成部分。通常，台灯的样式会有精雕细琢的纹理，选用的材料也是上等的布艺及铁艺，将其摆放在空间中，便可成为空间的绝对亮点。

▲ 小型的铁艺台灯是空间非常好的装饰品

Designer 设计师微课堂

王五平
深圳太合南方建筑室内设计
事务所总设计师

阅读台灯最好以简洁轻便为主

专门用来看书写字的台灯灯体外形最好简洁轻便，而且可以调整灯杆的高度、光照的方向和亮度，这样能够方便阅读，而且可以根据个人需要调整到最佳角度。

▲ 清雅色调的台灯与抱枕的色调形成对比，强化了空间的视觉冲击力

灯泡
照亮家居的好帮手

材料速查:

① LED 灯泡和省电灯泡的发光性能较佳、省电,且绿色、环保。

② 传统灯泡较耗电,而且不环保。

③ 灯泡作为照明基础设备,可以运用于各种风格的家居,唯一要注意的是与灯罩的搭配。

不同家居空间有不同的亮度需求

优 点	需 求
客厅	最好 100 W 以上,色温可选择较温暖不刺眼的光源。
餐厅	使用演色性高,色温较低的光源。演色性高可以令菜肴看起来更可口,低色温能营造温暖、愉悦的用餐氛围
卧室	卧室照明以提供安适的氛围为主,因此黄光灯泡较适合;若选用床头灯,大多为轻微照明需求,灯泡选择 40 ~ 60 W 即可
厨房	建议使用色温为白光的灯泡,光线能更清楚,做饭时不致发生危险
卫浴	卫浴照明需经常开关,选择点灭性高的灯泡,60 W 或更低的瓦数较适合

选购**小常识**

1. 看层高 灯泡的使用和空间大小、层高有很大关系，简单来说层高 2.8～3 m，以 10 W/m² 作为灯泡瓦数即可。

2. 选品牌 由于市面上灯泡品种繁多，每个品牌的色温不尽相同，建议同一空间中，使用同一品牌的灯泡，如此一来视觉感受光源的颜色与温度变化，差异不会太大。

LED 节能灯更耐用环保

相比普通节能灯，LED 节能灯环保不含汞，可回收再利用，功率小，高光效，长寿命，即开即亮，光衰小，色彩丰富，可调光，变幻丰富。普通节能灯大量使用会造成汞污染，对环境造成危害，而 LED 节能灯则不存在这一问题，非常环保。

CONSTRUCTION TIPS

① 安装灯泡时，务必切断电源，确实将灯泡旋入灯座内，达到完全嵌合，并需检查是否牢固不易晃动，若有松动感则应马上调整。

② 在安装前先观察灯座和灯帽是否有松动摇晃的情形，以免掉落造成危险。另外，还要检查灯泡极是否有变形的情况，若有，则应及时更换。

各种类型的节能灯

第四章

厨卫设备汇总

第一节

厨 房

拥有一个精心设计、装修合理的厨房会让烹饪变得轻松愉快起来。厨房装修材料首先要注重它的功能性。打造温馨舒适厨房，一要视觉干净清爽；二要有舒适方便的操作中心；橱柜要考虑到科学性和舒适性。

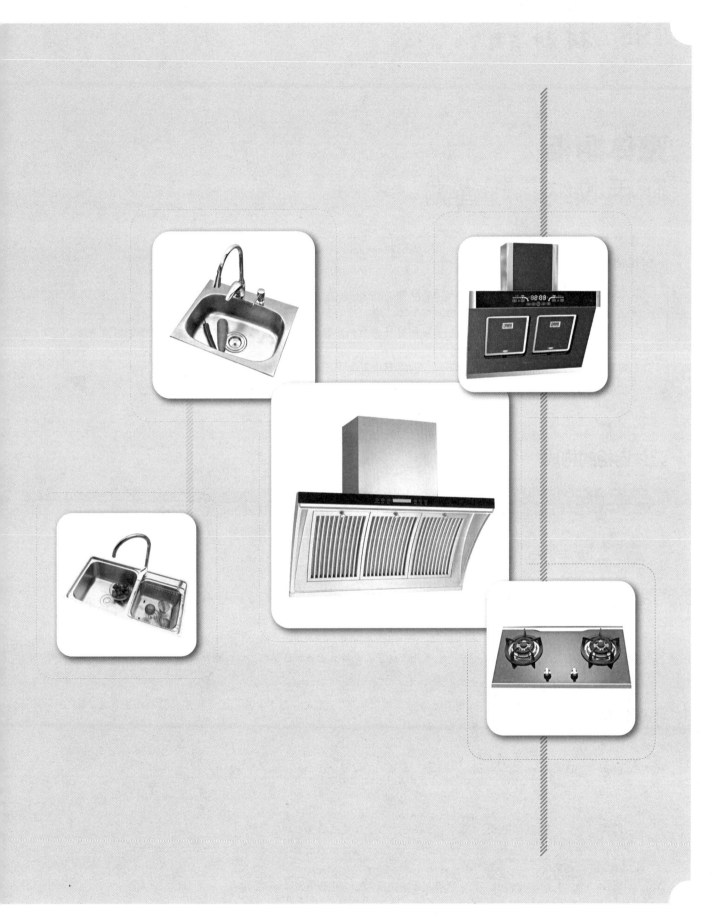

整体橱柜
随手收纳，超省力

材料速查：

① 整体橱柜具有收纳功能强大、方便拿取物品的优点。

② 整体橱柜的转角处容易设计不当，需多加注意。

③ 整体橱柜的种类多样，可以根据家装风格任意选择，其中实木橱柜较适合欧式及乡村风格的居室，烤漆橱柜较适合现代风格及简约风格的居室。

④ 整体橱柜以组计价，依产品的不同，价格上也有很大差异，少则数千，多则数万，数十万。

整体橱柜的构成

类　别	内　容
柜体	按空间构成包括装饰柜、半高柜、高柜和台上柜；按材料组成又可以分成实木橱柜、烤漆橱柜、模压板橱柜等
台面	包括人造石台面、石英石台面、不锈钢台面、美耐板台面等
橱柜五金配件	包含门铰、导轨、拉手、吊码，其他整体橱柜布局配件、点缀配件等
功用配件	包含水槽（人造石水槽和不锈钢水槽）、龙头、上下水器、各种拉篮、拉架、置物架、米箱、垃圾桶等整体橱柜配件
电器	包含抽油烟机、消毒柜、冰箱、炉灶、烤箱、微波炉、洗碗机等
灯具	包含层板灯、顶板灯，各种内置、外置式橱柜专用灯
饰件	包含外置隔板、顶板、顶线、顶封板、布景饰等

橱柜门板类别

类别	优点	缺点	适宜人群
防火板门板	颜色比较鲜艳、耐磨、耐高温、抗渗透、容易清洁、价格实惠	门板为平板，无法创造凹凸、金属等立体效果，时尚感稍差	适合对橱柜外观要求一般，注重实用功能的中、低档装修者
实木门板	具有温暖的原木质感、天然环保、坚固耐用，且名贵树种有升值潜力	价格昂贵，外形变化较少，后期养护麻烦，对环境的温度和湿度都有要求	比较适合偏爱纯木质地的高档装修者
烤漆门板	色泽鲜艳、易于造型，具有很强的视觉冲击力，且防水性能极佳，抗污能力强，易清理	工艺水平要求高，所以价格居高不下；怕磕碰和划痕，一旦出现损坏很难修补；用于油烟较多的厨房中易出现色差	比较适合外观和品质要求比较高，追求时尚的年轻高档装修者
金属门板	耐磨、耐高温、抗腐蚀；日常维护简单、极易清理、寿命长；大胆前卫，极具个性化	新型材料，价格昂贵；风格感过强，应用面不广泛	比较适合追求与世界流行同步的超高档装修者

橱柜台面类别

类别		优点	缺点	适宜人群
人造石台面		可无缝拼接、造型多变、颜色多样、易抛光打磨和修复；表面没有缝隙，不容易藏匿细菌	纹理相对较假，价格较高，防烫能力不强；局部受力过重时可能使台面产生裂缝	比较适合讲究环保的装修者
天然石台面		耐高温、防刮伤性能十分突出，耐磨性能好，造价也比较低，属于经济实惠的一种台面材料	纹理中存在缝隙，易滋生细菌；存在长度限制，两块拼接有缝隙；弹性不足，如遇重击或温度急剧变化会出现裂缝	比较适合追求天然纹路和经济实用的装修者
不锈钢台面		防火、防潮、防化学品侵蚀、耐磨损、易清洁、抗菌再生能力最强，环保无辐射	台面各转角部位和结合处缺乏合理、有效的处理手段，不太适用于管道多的厨房	比较适合外观和品质要求比较高，追求时尚的年轻高档装修者
防火板台面		色泽鲜艳、耐磨、耐刮、耐高温性能较好，给人以焕然一新的感觉，价格也比较适中	台面易被水和潮湿侵蚀，使用不当时会导致脱胶、变形、基材膨胀的严重后果	比较适合追求时尚简约的装修者

橱柜柜体板材类别

刨花板（又叫颗粒板，有国产和进口之分）

刨花板是环保型材料，能充分利用木材原料及加工剩余物，成本较低。其特点是幅面大，表面平整，易加工，但普通产品容易吸潮、膨胀。刨花板表面覆贴三聚氰胺或装饰木纹纸以及喷涂处理后，已被广泛应用在板式家具生产制造上，其中包括现代橱柜家具生产方面。

细木工板（俗称大芯板）

目前国内用于橱柜加工的细木工板多为 20~25 mm 厚度规格。细木工板具有幅面大，易于锯裁，材质韧性强、承重力强，不易开裂，板材本身具有防潮性能、握钉力较强、便于综合使用与加工等物理特点。

中密度纤维板

中密度纤维板是将经过挑选的木材原料加工成纤维后，施加脲醛树脂和其他助剂，经特殊工艺制成的一种人造板材。采用这种类型板材加工橱柜产品，根本无法保证质量。加入特殊防水剂及特制的胶合剂加工而成的板材，强度高并且防水性能极强，但价格比较高。

模压板

色彩丰富，木纹逼真，单色色度纯艳，不开裂、不变形。不需要封边，解决了封边时间长后可能会开胶的问题。但不能长时间接触或靠近高温物体，同时设计主体不能太长、太大，否则容易变形，烟头的温度会灼伤板材表面薄膜。

选购**小常识**

1. 尺寸要精确 大型专业化企业用电子开料锯通过电脑输入加工尺寸，开出的板尺寸精度非常高，板边不存在崩茬现象；而手工作坊型小厂用小型手动开料锯，简陋设备开出的板尺寸误差大，往往在 1 mm 以上，而且经常会出现崩茬现象，致使板材基材暴露在外。

2. 做工要精细 优质橱柜的封边细腻、光滑、手感好，封线平直光滑，接头精细。

3. 孔位要精准 孔位的配合和精度会影响橱柜箱体的结构牢固性。专业大厂的孔位都是一个定位基准，尺寸的精度有保证。手工小厂则使用排钻，甚至是手枪钻打孔。这样组合出的箱体尺寸误差较大，不是很规则的方体，容易变形。

4. 外形要美观 橱柜的组装效果要美观，缝隙要均匀。生产工序的任何尺寸误差都会表现在门板上，专业大厂生产的门板横平竖直，且门间间隙均匀；而小厂生产组合的橱柜，门板会出现门缝不平直、间隙不均匀，有大有小，甚至是门板不在一个平面上的情况。

▲ 模压板橱柜

施工小贴士
CONSTRUCTION TIPS

① **安装前**。橱柜安装前厨房瓷砖应已勾缝完成，并应将厨房橱柜放置区域的地面和墙面清理干净；提前将厨房的面板装上，并将墙面水电路改造暗管位置标出来，以免安装时打中管线。另外，厨房顶灯位置一定要注意避让吊柜的柜门；台面下增加垫板很有必要，能提高台面的支撑强度。

② **壁柜测量**。壁柜的柜体既可以是墙体，也可以是夹层，这样既保证有效利用空间，又不变形，但一定要做到顶部与底部水平，两侧垂直，如有误差，则要求洞口左右两侧高度差小于 5 mm，壁柜门的底轮可以通过调试系统弥补误差。

③ **轨道安装**。做柜体时需为轨道预留尺寸，上下轨道预留尺寸折门为 8 cm、推拉门为 10 cm。

④ **隔架安装**。家居柜体一般都有抽屉设计，为不影响使用，设计抽屉的位置时要注意：做三扇推拉门时应避开两门相交处；做两扇推拉门时应置于一扇门体一侧；做折叠门时抽屉距侧壁应有 17 cm 的空隙。

⑤ **壁柜门安装**。其步骤是：首先固定顶轨，轨道前饰面与柜橱表面在同一平面，上下轨平放于预留位置；然后将两扇门装入轨道内，用水平尺或直尺测量门体垂直度，调整上下轨位置并固定好；再次查看门体是否与两侧平行，可通过调节底轮来调节门体，达到边框与两侧水平。

▲ 实木橱柜

材料**搭配秘诀**
—◆— material collocational tips —

实木橱柜塑造浓郁、复古的厨房

　　浓郁、复古的厨房突出自然、怀旧，主张利用散发着浓郁泥土芬芳的色彩。橱柜则多取材于松木、枫木，不用雕饰，仍保有木材原始的纹理和质感，搭配大地色系的地砖或墙砖，创造出一种古朴的质感。颜色多仿旧漆，式样厚重。

Designer 设计师 **微课堂**

周晓安
苏州周晓安空间装饰设计
有限公司设计总监

避免运用过于鲜艳的色彩

　　在浓郁、复古的厨房中，没有特别鲜艳的色彩，所以在进行配色时，尽量不要加入此类色彩，虽然有时会使用红色或绿色，但明度都与大地色系接近，寻求的是一种平稳中具有变化的感觉，鲜艳的色彩会破坏这种感觉。

◀ 在洁净的白色基本色中点缀以蓝、绿色系的饰品，令浓郁、复古的厨房也散发出精致的味道

淡雅色系的模压板橱柜打造清新的厨房

厨房可谓是"人间烟火"的承载地，给人带来美食的同时，也往往体现出浮躁的气息。淡雅色系的模压板橱柜可以用色彩来为厨房降温，其中清爽的白色以及透彻的蓝色、绿色等偏冷的色系都是营造干净、清爽厨房的绝佳用色。

▶ 米灰色系的模压板橱柜带有清晰的自然纹路，与地面的仿古砖呼应，带来自然的清爽与舒适

▼ 厨房墙面选择淡雅的白色、灰色系墙砖，为模压板橱柜奠定了和谐自然的基调

灶具
令烹饪更有效率

材料速查：

① 燃气灶是大多数家庭必备的厨房用具，由于燃气是易燃品，所以燃气灶的安全问题一定要提高警惕。使用不合格的燃气灶或者不合理地使用燃气灶特别容易导致燃气泄漏、爆炸。

② 选择燃气灶时首先要清楚自己家里所使用的气种，是天然气（代号为 T）、人工煤气（代号为 R）还是液化石油气（代号为 Y）。由于三种气源性质上的差异，因而器具不能混用。

③ 灶具的价格一般为 1200 ~ 4000 元。

材料**大比拼**

种 类	功 能	优 点	缺 点
钢化玻璃台面	钢化玻璃是一种安全玻璃，为提高玻璃的强度，通常使用化学或物理方法，增强玻璃自身抗风压、寒暑及冲击的性能	面板具有亮丽的色彩、美观的造型，易清洁	耐热性、稳定性不如不锈钢材料好，若安装和使用不当更容易引发爆裂
不锈钢台面	不锈钢是一种耐空气、蒸汽、水等弱腐蚀介质和酸、碱、盐等化学侵蚀性介质腐蚀的钢材	耐热、耐压、强度高、经久耐用，质感好，耐刷洗、不易变形	不易清洗，容易划伤，颜色比较单一
陶瓷台面	陶瓷是以黏土为主要原料以及各种天然矿物经过粉碎混炼、成型和煅烧制得的材料，具有耐高温、耐腐蚀的功效	在易清洁和颜色选择方面具备其他材质不可比拟的优势，独特的质感和视感使其更易与大理石台面搭配	价格较高，一般档次的陶瓷面板色泽较黯淡，装饰效果不太好

CONSTRUCTION TIPS

① 灶具距离抽油烟机的高度，必须考量抽油烟机的吸力强弱，一般来说应保持 65~70 cm 的距离，油烟才能被吸附、不外散。

② 连续拼接双炉或三炉具时，需要安装连接条，若炉具间以柜面间隔则不需用连接条。

③ 电子开关和炉头结合要紧密，避免发生松脱情形。另外，燃气进气口的部分要注意夹具与管具之间的安装要确实紧密，以免造成燃气外泄。燃气炉安装完毕后还应试烧，调整空气量使火焰稳定为青蓝色。

选购**小常识**

1. 看包装　优质燃气灶产品的外包装材料结实，说明书与合格证等附件齐全，印刷内容清晰。

2. 看外观　优质燃气灶外观美观大方，机体各处无碰撞现象，产品表面喷漆均匀平整，无起泡或脱落现象。

3. 看结构　优质燃气灶的整体结构稳定可靠，灶面光滑平整，无明显翘曲，零部件的安装牢固可靠，没有松脱现象。

4. 看火焰　优质燃气灶的开关旋钮、喷嘴及点火装置的安装位置必须准确无误。通气点火时，应基本保证每次点火都可使燃气点燃起火，点火后 4 秒内火焰应燃遍全部火孔。利用电子点火器进行点火时，人体在接触灶体的各金属部件时，应无触电感觉。火焰燃烧时应均匀稳定呈青蓝色，无黄火、红火现象。

材料**搭配秘诀**
—— material collocational tips ——

不锈钢灶具适合现代风格厨房

现代风格常用黑白灰的色调搭配金属、玻璃的材质，令空间呈现出时尚感。而不锈钢台面结实耐用，好擦洗，其光亮的效果令现代风格的厨房更为靓丽。

▶ 不锈钢的厨具与黑色系的墙砖打造出现代时尚的厨房

抽油烟机
降低厨房油烟异味

材料速查：

① 抽油烟机可以将炉灶燃烧的废物和烹饪过程中产生的对人体有害的油烟迅速抽走，排出室外，减少污染，净化空气，并有防毒和防爆的安全保障作用。

② 若抽油烟机的设计不良，则有火灾危险。

③ 抽油烟机的价格依种类不同而略有差异，一般为 500 ~ 6000 元 / 台，其中中式抽油烟机的价格较便宜，也更适合经常煎炒烹炸的中国家庭。

材料**大比拼**

种类	功能	优点	缺点
中式抽油烟机	采用大功率电动机，有一个很大的集烟腔和大涡轮，为直接吸出式，能够先把上升的油烟聚集在一起，然后再经过油网，将油烟排出去	生产材料成本低，生产工艺也比较简单，价格适中	占用空间大，噪声大，容易碰头、滴油；使用寿命短，清洗不方便
欧式抽油烟机	利用多层油网过滤（5 ~ 7 层），增加电动机功率以达到最佳效果，一般功率都在 300 W 以上	外观优雅大方，吸油效果好	价格昂贵，不适合普通家庭，功率较大
侧吸式抽油烟机	利用空气动力学和流体力学设计，先利用表面的油烟分离板把油烟分离再排出干净空气	抽油效果好，省电，清洁方便，不滴油，不易碰头，不污染环境	多用于欧式、中式风格的室内空间中

选购**小常识**

1. 看风压 风压是指抽油烟机风量为 7 m³/ min 时的静压值，国家规定该指标值大于或等于 80 Pa。风压值越大，抽油烟机抗倒风能力越强。

2. 看风量 风量是指静压为零时抽油烟机单位时间的排风量，国家规定该指标值大于或等于 7 m³/ min。一般来说，风量值越大，抽油烟机越能快速及时地将厨房里大量的油烟吸排干净。

3. 看噪声 噪声是指抽油烟机在额定电压、额定频率下，以最高转速档运转，按规定方法测得的 A 声功率级，国家规定该指标值不大于 74 dB。

4. 看细节 一定要买易清洗的抽油烟机，罩烟结构的内层一定不能有接缝和沟槽，必须双层结构而且一体成型，否则就会积满油污和油滴。还要了解有没有双层油网设计，确保油烟机内不沾油，是不是真正免拆洗。

材料**搭配秘诀**
—— material collocational tips ——

吊柜与抽油烟机结合设计更美观

设计整体橱柜时设计师会上门量尺寸，等最终复尺的时候要测量厨具的具体尺寸，这样就可以把抽油烟机隐藏进吊柜处，令空间更为统一、美观。

▲ 根据厨房和抽油烟机尺寸定做的吊柜，令空间整体更加整洁

CONSTRUCTION TIPS

① 抽油烟机的管线距离不要配置过长，最好能在 4 m 以内，不应超过 6 m，建议放在抽油烟机的正上方，可以隐藏在吊柜中，此外最好避免排风管有两处以上转折，这样容易导致排烟效果不佳。

② 抽油烟机的悬挂位置不宜在门窗过多处，以免空气对流，而无法发挥排烟效果。另外，抽油烟机的排油管要避免褶皱弯曲，排油风管不可穿梁。安装后要测试电动机运转是否顺畅，声音是否过高；按键面或控制面板的灵敏度，也需确认测试。

水槽
洗涤烹饪食材的场所

材料速查：

① 厨房水槽以不锈钢水槽为主，具有面板薄、重量轻，耐腐蚀、耐高温、耐潮湿，易于清洁等优点。

② 一些不锈钢水槽具有不耐刮、花纹中易积垢的缺点。

③ 标准的水槽尺寸设计，在深度上一般在 20 cm 左右为最佳，这样餐具洗涤更方便，且可防止水花外溅，同时盆壁为 90° 的垂直角能加大水槽的使用面积。

材料**大比拼**

种　类	特　点
单槽 	单槽一般在厨房空间较小的家庭中使用，因为单槽使用起来不方便，只能满足最基本的清洁功能
双槽 	双槽是现在大多数家庭使用的，无论两房还是三房，双槽都可以满足清洁及分开处理的需要
三槽	三槽由于多为异型设计，比较适合具有个性风格的大厨房，因为它能同时进行浸泡、洗涤及存放等多项功能，因此这种水槽很适合别墅等大户型

▲ 不锈钢单槽设计可以预留更多的备餐空间

选购**小常识**

1. 测不锈钢水槽的厚度 好的不锈钢水槽都使用比较厚的板材，由于水槽进行过边缘处理，很难一下子看出厚度，最简单的办法：稍微用力按水槽表面，如果按得下去，就说明材料很薄。

2. 看不锈钢水槽工艺 有焊接法和一体成型法。我们看到一些名牌水槽，同样的外观尺寸，价格却差异很大。这里面有材料的因素，也有工艺的成本。一体成型法的不锈钢水槽用材比焊接法的好。

施工
小贴士

CONSTRUCTION TIPS

① **正确预留位置。** 水槽安装时，台面留出的位置应该和水槽的体积相吻合，在订购台面时应该告知台面供应商水槽的大致尺寸，以避免重新返工。

② **注意水管的连接。** 水龙头上的进水管一端连接到进水开关处，安装时要注意衔接处的牢固，同时还要注意冷热水管的位置，切勿左右搞错。

③ **具体安装方法。** 一般水槽买到家后，工人才会根据水槽大小切割橱柜台面，放入台面后，需要在槽体和台面间安装配套的挂片。水槽要安装牢固，槽体不能左右摇晃。

卫生间

卫生间不能小觑，它与生活、健康休戚相关，卫生间的陈设是否科学合理，标志着生活质量的高低。想要有一个真正舒适的卫生间，卫浴洁具的搭配是关键。

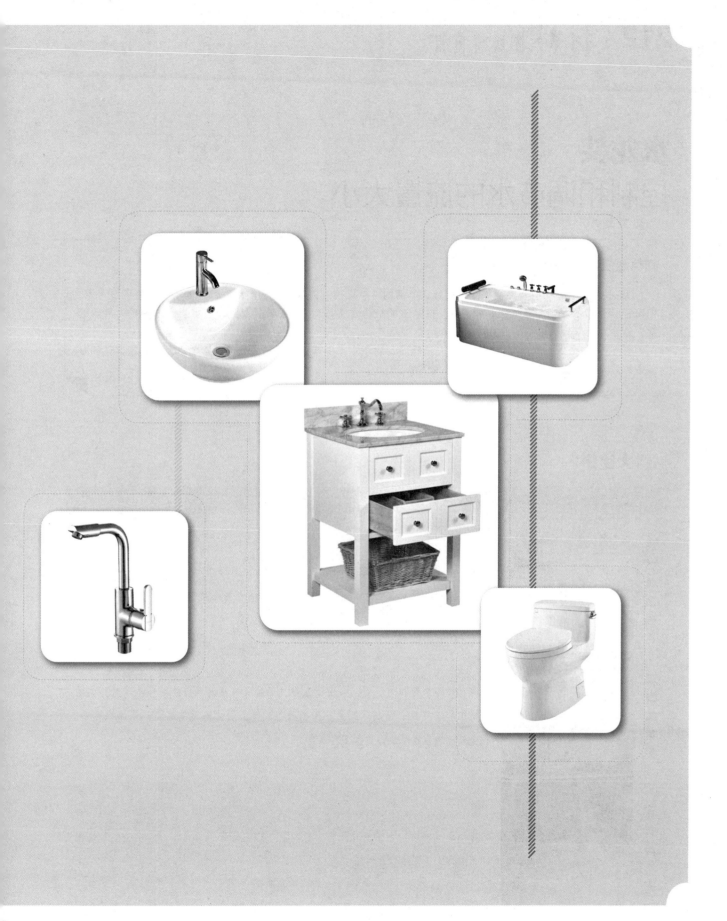

水龙头
控制和调节水的流量大小

材料速查:

① 水龙头控制手柄有单柄和双柄之分。单柄的特点是控制方便,结构简单,双柄的则要双手调节水温,但可适合更多的场合(诸如台下盆龙头、按摩缸的缸边龙头等),并且双柄龙头调整水温比单柄更为平滑细腻,适合对温度较为敏感的业主。

② 任何一个龙头的开关控制都需要一个阀芯,对于水龙头来说,阀芯的质量是整个水龙头质量评估的重要依据,可以说影响水龙头质量最关键的就是阀芯。

材料**大比拼**

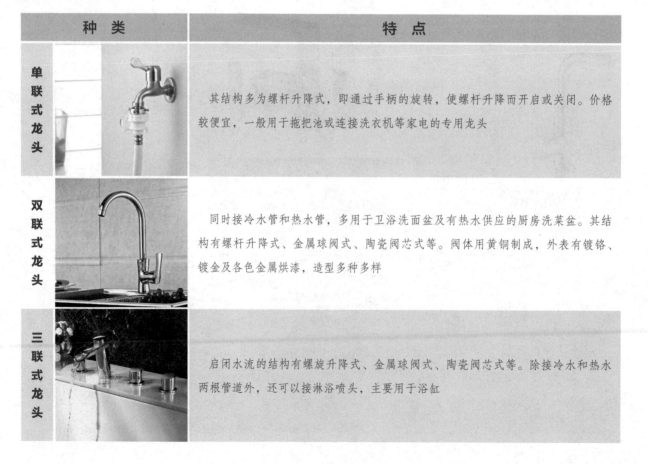

种 类	特 点
单联式龙头	其结构多为螺杆升降式,即通过手柄的旋转,使螺杆升降而开启或关闭。价格较便宜,一般用于拖把池或连接洗衣机等家电的专用龙头
双联式龙头	同时接冷水管和热水管,多用于卫浴洗面盆及有热水供应的厨房洗菜盆。其结构有螺杆升降式、金属球阀式、陶瓷阀芯式等。阀体用黄铜制成,外表有镀铬、镀金及各色金属烘漆,造型多种多样
三联式龙头	启闭水流的结构有螺旋升降式、金属球阀式、陶瓷阀芯式等。除接冷水和热水两根管道外,还可以接淋浴喷头,主要用于浴缸

选购**小常识**

1. 看重量　不能购买太轻的龙头，重量轻是因为厂家为了降低成本，掏空内部的铜，龙头看起来很大，拿起来却不重，容易经受不住水压而爆裂。

2. 看把手　好的龙头在转动把手时，龙头与开关之间没有过大的间隙，而且开关轻松无阻，不打滑。劣质水龙头不仅间隙大，受阻感也大。

3. 听声音　好龙头是整体浇铸铜，敲打起来声音沉闷。如果声音很脆，则为不锈钢，档次较低。

3. 看阀芯　目前常见的阀芯主要有三种：陶瓷阀芯、金属球阀芯和轴滚式阀芯。陶瓷阀芯的优点是价格低，对水质污染较小，但陶瓷质地较脆，容易破裂；金属球阀芯具有不受水质的影响、可以准确控制水温、节约能源等优点；轴滚式阀芯的优点是手柄转动流畅，操作容易简便，手感舒适轻松，耐老化、耐磨损。

CONSTRUCTION TIPS

在装设水龙头时必须确实固定，并注意出水孔距与孔径。尤其是与浴缸或者水槽接合时，要特别注意，以免发生安装之后水龙头使用不方便的情况。不论是浴缸出水龙头还是面盆出水龙头，都要注意完工后是否有歪斜。若发生歪斜情况，应及时调整。

材料**搭配秘诀**
—————◆————— material collocational tips ——————————

◀ 古朴的黄铜水龙头与复古的石材台盆形成自然的视觉感受

特殊样式的水龙头可令卫浴空间更具韵味

卫浴间也可以不要千篇一律，设计成自己喜欢的样式，同时水龙头也可以告别传统样式，选择一个和整体材质相统一的、造型别致的，更能展现品位。

洗面盆
兼具实用性与装饰性

材料速查：

① 洗面盆的种类和造型多样，可以根据室内风格来选择；例如不锈钢和玻璃材质的面盆较为适合现代风格的家居。

② 卫生间如果面积较小，建议最好选择柱盆，可以节省空间面积；如果面积大的话，一般选择台盆并自制台面进行配套，目前流行在浴室内定做造型丰富的台面或是浴室柜配套。

③ 面盆价格相差悬殊，档次分明，从一两百元到过万元的都有。影响面盆价格的主要因素有品牌、材质与造型。普通陶瓷的面盆价格较低，而用不锈钢、钢化玻璃等材料制作的面盆价格比较高。

材料**大比拼**

种　类		特　点	价　格
台上盆		台上盆造型多样，色彩斑斓。可适应多种风格造型，同时维修更换方便	200元／个起
台下盆		易清洁，可在台面上放置物品。对安装要求较高，台面预留位置尺寸大小一定要与盆的大小相吻合，否则会影响美观	120元／个起
立柱盆		非常适合空间不足的卫生间安装使用，立柱具有较好的承托力，一般不会出现盆身下坠变形的情况，造型优美，可以起到很好的装饰效果，且容易清洗，通风性好	180元／个起
挂盆		壁挂式洗面盆也是一种非常节省空间的洗脸盆类型，其特点与立柱盆相似，入墙式排水系统一般可考虑选择挂盆	200元／个起

选购**小常识**

1. 看配件　在选购洗面盆时，要注意支撑力是否稳定，以及内部的安装配件螺钉、橡胶垫等是否齐全。

2. 看空间　应该根据自家卫浴面积的实际情况来选择洗面盆的规格和款式。如果面积较小，一般选择柱盆或角型面盆，可以增强卫浴的通气感；如果卫浴面积较大，选择台盆的自由度就比较大了，有沿台式面盆和无沿台式面盆都比较适用，台面可采用大理石或花岗岩材料。

3. 选同系列风格　由于洁具产品的生产设计往往是系列化的，所以在选择洗面盆时，一定要与已选的坐便器和浴缸等大件保持同样的风格系列，这样才具备整体的协调感。

施工
小贴士

CONSTRUCTION TIPS

① **施工。**面盆分为上嵌或下嵌式，两种安装方式的柜面都要注意防水收边的处理工作。另外，独立式的面盆则要注意安装的标准顺序。而壁挂式面盆由于特别依赖底端的支撑点，因此施工时务必注意螺钉是否牢固，以免影响日后面盆的稳定度。

② **注意使用期限。**质量再好的面盆也是有建议的使用期限的，如果不小心超出了使用期限或者购买了不合格的产品，很容易发生爆裂的情况。购买时一定要咨询所购买款式的使用期限，如果一旦发现出现裂痕要马上更换，避免造成危险。

台上洗面盆样式多样美观

购买台盆的一些尺寸参考

台盆的台面长度须大于 75 cm，宽度须大于 50 cm，从安全性及视觉效果考虑，会更好一些。

台下盆价格便宜、清洗方便，但在安装及维修上不方便，底部必须安装支撑架并固定于墙上，且拆装复杂。安装挂盆墙体必须是承重墙，否则墙体厚度必须在 10 cm 以上。

选面盆先测量浴室面积

台面与马桶一样，都是使用非常频繁的浴室洁具，合理的预算是占整个浴室配件预算的 1/3，这样能够保证面盆的质量，特别是带柜体的款式，更应注重质量，否则会发生柜体发霉、抽屉掉落等情况，会有无穷的麻烦。

材料搭配秘诀
—— material collocational tips ——

陶瓷面盆令空间干净清透

从习惯和款式上来看，市面上陶瓷面盆依然是首选。用陶瓷面盆的习惯性深入人心。而且陶瓷面盆本身的光洁度也很高，可以令水里的杂物不易附着表面，相对来说减少了需要擦洗的次数。

◀ 纯净的白色搭配精致的马赛克瓷砖，令空间更显清澈

台下盆令空间更显整洁

在卫生间的洗面盆设计中，为了突出空间的极简设计风，会在卫生间选择台下盆。从空间上看，洗手台的平面上是简洁而干净的，并且使用起来也极为方便。但设计时需要注意的是，台下盆容易藏污纳垢，因此接缝处一定要处理完好，方便以后的长久使用。

精致台上盆为生活增添趣味

如果不想让卫浴间过于平庸，喜欢别出心裁的设计，可以选用独特花纹与质感的台上盆，风格感更强，与墙地面色彩更加融合。

李文彬
武汉桃弥设计工作室设计总监

选购台上盆先看空间大小

在选购台上盆时，首先要考虑到安装环境的空间大小。一般情况下，在宽度小于 70 cm 的空间安装时，不建议选择台上盆。因为台上盆想安装在 70 cm 以内，可选择的产品种类少，安装后会显得局促，视觉效果差。

▲ 以大理石嵌入台下盆的组合方式，这样可令空间整洁干净，无卫生死角

▲ 印花陶瓷面盆与墙面蓝色马赛克共同彰显出独具特色的异域风情

抽水马桶
冲净力强，生活必需品

材料速查：

① 抽水马桶是所有洁具中使用频率最高的一个，其冲净力强，若加了纳米材质，表面还可以防污。

② 抽水马桶若损坏，需重新打掉卫浴地面、壁面重新装设。

③ 抽水马桶的价位跨度非常大，从百元到数万元不等，主要是由设计、品牌和做工精细度决定的，可以根据家居装修档次来选择。

材料大比拼

种类		特点	价格
连体式		连体式坐便器是指水箱与座体合二为一设计，较为现代高档，体形美观、安装简单、一体成型，但价格相对贵一些	400元以上
分体式		分体式坐便器是指水箱与座体分开设计，分开安装的马桶，较为传统，生产上是后期用螺钉和密封圈连接底座和水箱，所占空间较大，连接缝处容易藏污垢，但维修简单	350元以上
直冲式		利用水流的冲力排出脏污，池壁较陡，存水面积较小，冲污效率高。其最大的缺陷就是冲水声大，由于存水面较小，易出现结垢现象，防臭功能也不如虹吸式坐便器，款式比较少	250元以上
虹吸式		其最大优点为冲水噪声小（静音马桶就是虹吸式），容易冲掉黏附在马桶表面的污物，防臭效果优于直冲式，品种繁多。但每次需使用至少8~9 L的水，比直冲式费水；排水管直径细，易堵塞	600元以上

选购**小常识**

1. 马桶越重越好 普通马桶重量 25 kg 左右，好的马桶 50 kg 左右。重量大的马桶密度大，质量过关。简单测试马桶重量的方法为双手拿起水箱盖，掂一掂它的重量。

2. 注意马桶的釉面 质量好的马桶其釉面应该光洁、顺滑、无起泡，色泽柔和。检验外表面釉面之后，还应去摸一下马桶的下水道，如果粗糙，以后容易造成遗挂。

3. 大口径的排污效果更好 大口径排污管道且内表面施釉，不容易挂脏，排污迅速有力，能有效预防堵塞。测试方法为将整个手放进马桶口，一般能有一个手掌容量为最佳。

3. 检查马桶是否漏水 办法是在马桶水箱内滴入蓝墨水，搅匀后看坐便器出水处有无蓝色水流出，如有则说明马桶有漏水的地方。

施工小贴士

CONSTRUCTION TIPS

① **马桶坑距对不上的解决办法。** 如果马桶买回来坑距不对，施工人员会垫高一块地面再做导水槽、做防水；或买个排水转换器配件连接。但非正常安装的任何改变，都会破坏马桶的真空吸力，影响原有排污速度和隔臭效果。如果不能使用，最好调换新的。

② **垫高地面更改马桶的排水。** 如果需要修改马桶的排水，或者要把现有的马桶移动一下位置，则必须把地面垫高，使横向的走管有一个坡度，这样可以使污物更容易被冲走。

◀ 隐藏水箱马桶，简洁时尚更具现代气息

材料**搭配秘诀**
—◆—material collocational tips—

隐藏水箱马桶更时尚

隐藏水箱马桶比起传统的马桶款式，不容易藏污，地面没有死角，清洁浴室更容易。而且外形时尚简洁，更符合年轻人的需求。

浴室柜
卫浴收纳的好帮手

材料速查：

① 浴室柜是卫浴收纳的好帮手，可以将卫浴中杂乱的物品进行有效收纳。

② 由于在浴室柜的正面涂有特殊涂料，溅上水珠或液体很容易擦拭。而背面及内部就不容易被擦掉了，很容易引起腐蚀。所以在选择浴室柜时要优先选择对于对背面和内部也做防水处理的产品。

③ 浴室柜的价格差异较大，一般为 1000~6000 元 / 个，有些高档木材制作的浴室柜也可高达上万元。

材料**大比拼**

类　别	特　点
刨花板	这种材料成本低廉，但吸水率极高，防水性能差
中纤板	材料加工方便，但胶黏剂中含甲醛等有害物质，防水性能也不够理想
实木板	实木材质颜色天然，又无化学污染，是健康、时尚的好选择
不锈钢	材质环保、防潮、防霉、防锈、防水，但和实木板相比显得过于单薄。因为在色泽方面，不锈钢浴室柜只有冰冷的银白色，并且厚度也远远没有实木有质感
PVC	色泽丰富鲜艳、款式多样，是年轻业主的首选；但材料容易褪色，且较易变形
人造石	色彩艳丽、光泽如玉，酷似天然大理石制品，是不错的浴室柜选择

选购**小常识**

1. 防潮　就防潮性能而言，实木与板材防潮较差，实木中的橡木具有致密防潮的特点，是制作浴室柜的理想材料，但价格较高。

2. 环保　由于卫浴空气不易流通，如果浴室柜的材料释放出有害物质，会对人体造成极大的危害，因此选用的浴室柜基材必须是环保材料。在选购浴室柜时，需打开柜门和抽屉，闻闻是否有刺鼻的气味。

CONSTRUCTION TIPS

浴室柜若与面盆连接，则完工后要打开水龙头了解有无渗水情况；另外还要调试门板，观察是否开合顺畅，同时检查内部层板高度是否适合放置卫浴用品。

材料**搭配秘诀**
—— material collocational tips ——

成套选购浴室柜令空间更为统一

浴室柜若单独购买，容易和其他洁具搭配不当，和浴缸等洁具整体购买同种系列，更能凸显浴室风格，令空间规划整体统一。

▼ 黑白两色的洁具令卫浴间看起来更加统一、整体

浴缸
令生活变得更有乐趣

材料速查：

① 浴缸并不是必备的洁具，适合摆放在面积比较宽敞的卫生间中。

② 在挑选浴缸尺寸时，首先要了解家中浴室的空间情况，如放置位置的尺寸、卫浴洁具的风格等；有老人和孩子的家庭，要考虑选择边位较低的浴缸，方便使用。

③ 浴缸的价格依材质不同而有所差异，一般为 1500 ~ 4000 元 / 个，而按摩浴缸的价格则可达到上万元。

材料**大比拼**

种 类		特 点	价 格
亚克力		采用人造有机材料制造，特点是造型丰富，重量轻，表面光洁度好，而且价格低廉，但人造有机材料存在耐高温能力差、耐压能力差、不耐磨、表面易老化的缺点	1500 元 / 个起
铸铁		采用铸铁制造，表面覆搪瓷，重量非常大，使用时不易产生噪声。经久耐用，注水噪声小，便于清洁。但是价格过高，分量沉重，安装与运输难	4000 元 / 个起
实木		选用木质硬、密度大、防腐性能佳的材质，如云杉、橡木、松木、香柏木等，以香柏木的最为常见。保温性强，缸体较深，可充分浸润身体。价格较高，需保养维护，否则会变形漏水	4000 元 / 个起
按摩浴缸		主要通过电机运动，使浴缸内壁喷头喷射出混入空气的水流，造成水流的循环，从而对人体产生按摩作用。具有健身治疗、缓解压力的作用	10 000 元 / 个起

选购**小常识**

1. 依据空间大小选择 浴缸的大小要根据浴室的尺寸来确定，如果确定把浴缸安装在角落里，通常说来，三角形的浴缸要比长方形的浴缸多占空间。

2. 看浴缸的深度 尺码相同的浴缸，其深度、宽度、长度和轮廓也并不一样，如果喜欢水深点的，溢出口的位置就要高一些。

3. 注意浴缸的裙边方向 对于单面有裙边的浴缸，购买的时候要注意下水口、墙面的位置，还需注意裙边的方向，否则买错了就无法安装了。

4. 安装淋浴喷头的浴缸 如果浴缸之上还要加淋浴喷头的话，浴缸就要选择稍宽一点的，淋浴位置下面的浴缸部分要平整，且需经过防滑处理。

浴缸的形状多样

CONSTRUCTION TIPS

① **施工注意事项**。施工时要避免将重物放置在浴缸内，容易造成表面磨损。

② **浴缸底座的防水很重要**。按摩浴缸在装设时要注意排水系统，管线要做到适当合理地配置，注意电动机要使用静音式安装，才不会出现结构性的低频共振。其他类型的浴缸排水时要注意浴缸底座要做防水处理，防水做好之后再来装设浴缸；另外浴缸装设时要考虑边墙的支撑度，如支撑度不够，则会使墙面产生裂缝，进而渗水。

③ **及时清理施工残留物**。施工后要将溢出的水泥清除，否则固化后很难清理；另外，浴缸安装后胶体固化需长达 24 小时，这段时间内不要使用浴缸，避免发生渗水情况。

实木浴缸有益于健康

实木浴缸自然水力的冲击按摩，不仅能增强心肺功能，还有迅速减去疲劳的功效。在木桶中放一些药粉来泡澡、泡脚，木桶的过热效应可以加快血液循环，使药粉渗入穴位，被皮肤吸收，从而达到治病、防病、美肤、减肥的功效，对皮肤病、关节炎效果显著。

在很多人的印象中实木浴缸泡澡很浪费水，其实是错误的，木桶的保温性能极佳，基本可以保温一个小时左右，在泡澡过程中几乎不需要换水。而浴缸则需要不断添加热水，才能保持水温均衡；而淋浴如果超过 10 分钟，用水也比实木浴缸多。

按摩浴缸属于电器，要注重电机质量

按摩浴缸起到按摩作用的是喷头，缸底的喷头主要是为了按摩背部，缸壁的喷头主要按摩脚底、身体两侧与肩部。根据喷头的配置，一般分单系统与混合系统两类，单系统的，有单喷水的与单喷气的，组合系统是喷水与喷气结合的。除了喷头，电机好坏也非常重要，电机是按摩浴缸的心脏，但它装在隐蔽处，可以听声音来判断质量。好的电机没有声音，而差的电机，就能听见噪声，甚至能听见明显的噪声。为了避免漏电，还要仔细查看喷嘴、管道的接口是否严密。

材料**搭配秘诀**
— material collocational tips —

搪瓷铸铁浴缸营造整洁空间

搪瓷铸铁浴缸因其表面为搪瓷，不易挂脏，好清洁，不易褪色，光泽持久，而且经久耐用，适合喜爱整洁型的业主。

▲ 白色系的搪瓷浴缸和任何仿古摆件都能搭配

嵌入式浴缸与空间更加融合

单独的浴缸放在角落里难免与整体风格不搭配，可以选择嵌入式设计，这样既令空间整齐划一，又方便清洁卫生。

▲ 嵌入式的浴缸更符合空间的尺寸，而且方便实用

Designer
设计师 微课堂

陈秋成
苏州周晓安空间装饰设计
有限公司设计师

浴缸要注意水容量

一般满水容量在 230 ~ 320 L。入浴时水要没肩。浴缸过小，人在其中蜷缩着不舒服，过大则有漂浮不稳定感。出水口的高度决定水容量的高度。若卫生间长度不足时应选取宽度较大或深度较深的浴缸，以保证浴缸有充足的水量。

淋浴房
干湿分区更整洁

材料速查：

　① 在淋浴区安装一组玻璃拉门形成淋浴房，可以使卫生间做到干湿分区，避免洗澡时脏水喷溅污染其他空间，使后期的清扫工作更简单、省力。另外，沐浴房还十分节省空间，有些家庭卫浴空间小，安不下浴缸，可以选择淋浴房。

　② 淋浴房安装时应注意玻璃的强度，以免破裂。

　③ 淋浴房的价格一般为 1500~2000 元 / m²。

材料**大比拼**

种类	特点	价格
一字形	适合大部分空间使用，不占面积，造型比较单调，变化少	1500 元 / 个起
直角形	适合用在角落，淋浴区可使用的空间最大，适合面积宽敞一些的卫浴间	1500 元 / 个起
五角形	外观漂亮，比起直角形更节省空间，同样适合安装在角落中。另外，小面积卫浴也可使用。但淋浴间中可使用面积较小	1500 元 / 个起
圆弧形	外观为流线型，适合喜欢曲线的业主；同样适合安装在角落中。但门扇需要热弯，价格比较贵	2000 元 / 个起

选购**小常识**

1. 看玻璃质量 看淋浴房的玻璃是否通透，有无杂点、气泡等缺陷。淋浴房的玻璃可分为普通玻璃和钢化玻璃，大多数的淋浴房都是使用钢化玻璃，其厚度至少要达到 5 mm，才能具有较强的抗冲击能力，不易破碎。

2. 看铝材的厚度 合格的淋浴房铝材厚度一般在 1.2 mm 以上。铝材的硬度可以通过手压铝框测试，硬度合格的铝材，成人很难通过手压使其变形。

3. 看胶条是否封闭性好 淋浴房的使用是为了干湿分区，因此防水性必须要好，密封胶条密封性要好，防止渗水。

4. 看拉杆的硬度是否合格 淋浴房的拉杆是保证无框淋浴房稳定性的重要支撑，拉杆的硬度和强度是淋浴房抗冲击性的重要保证。建议不要使用可伸缩的拉杆，其强度偏弱。

材料**搭配秘诀**
—————— material collocational tips ——————

沐淋房的"干湿分区"适合小巧的卫生间

因淋浴房可根据具体的空间"量身定制"，不会占去卫生间过多的使用面积，设计在卫生间靠窗的角落处，既实现了人们对洗浴的需要，又令空间更加规整。

CONSTRUCTION TIPS

① 预先设计预埋孔。淋浴房的预埋孔位应在卫浴未装修前就先设计好，已安装好供水系统和瓷砖的最好定做淋浴房。

② 提前设计好漏电保护开关。布线、漏电保护开关装置等应该在淋浴房安装前考虑好，以免返工。淋浴房的样式应根据卫浴布局而定，安装淋浴房时应严格按组装工艺安装。

③ 安装时注意牢固度。淋浴房必须与建筑结构牢固连接，不能晃动。敞开型淋浴房必须用膨胀螺栓，与非空心墙固定。排水后，底盆内存水量不大于 500 g。

④ 验收保证使用流畅。淋浴房安装后的外观需整洁明亮，拉门和移门相互平行或垂直，左右对称，移门要开闭流畅，无缝隙、不渗水，淋浴房和底盆间用硅胶密封。

▲ 玻璃淋浴房与蓝色系的瓷砖结合，给卫浴间带来清凉、舒爽的感受

第 五 章

门窗五金汇总

门

门是家装材料中很重要的一部分，其起到分隔空间、隐蔽空间的作用。门的种类很多，有实木材质、复合材质、玻璃材质等。玻璃材质的适合设计在卫生间及厨房，实木材质的则适合设计在卧室，以保护空间内的隐私。

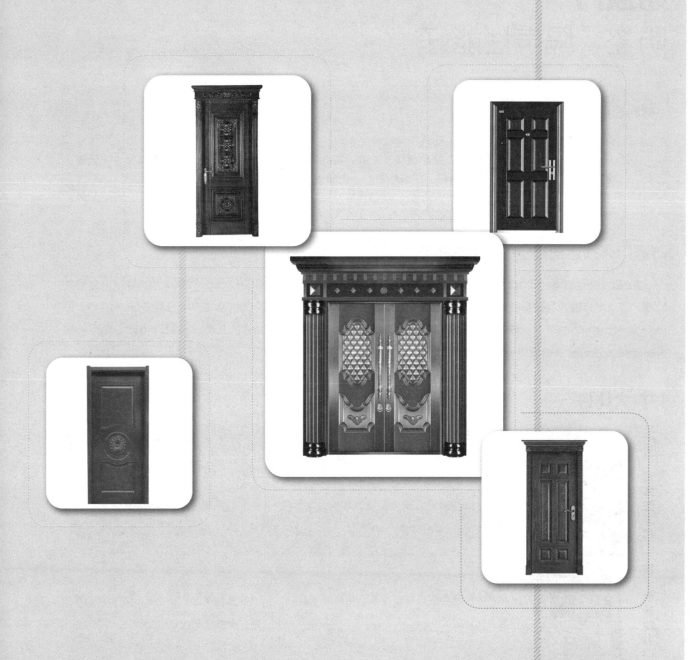

防盗门
防盗，隔声性能好

材料速查：

① 防盗门具有防火、隔声、防盗、防风、美观等优点。

② 防盗门安全级别可分为甲级、乙级和丙级、丁级，其中甲级防盗性能最高，乙级、丙级其次，丁级最低。在建材市场里看到的大部分都是丙级、丁级防盗门，比较适合一般家庭使用。

防盗门必须达到规定的安全防护要求

防盗门兼备防盗和安全的性能。按照《防盗安全门通用技术条件》（GB 17565—2007）的规定，合格的防盗门在 15 分钟内利用凿子、螺丝刀、撬棍等普通手工具和手电钻等便携式电动工具无法撬开或在门扇上形成一个 615 mm^2 的开口，或在锁定点 150 mm^2 的半圆内打开一个 38 mm^2 的开口。并且防盗门上使用的锁具必须是经过公安部检测中心检测合格的带有防钻功能的防盗门专用锁。

材料**大比拼**

种 类	特 点	价 格
钢木防盗门	可根据用户要求选用不同颜色、木材、线条和图案等与室内装修融为一体，不再像钢制门那样冰冷的与整体装饰不协调	价格稍贵，需要提前定制
铁、钢质防盗门	这种中低档防盗门开发最早，应用面也最广，使用时间较长	容易被腐蚀，会出现生锈、掉色现象，造型线条生硬
铝合金防盗门	材质硬度较高，且色泽艳丽，加上图案纹饰等，透出富丽堂皇的豪华气质。另外，铝合金防盗门不易受腐蚀和褪色	有些铝合金防盗门的合页是用拉钉的，不能拆卸，开关门时有摩擦的声音和金属的响声等

选购**小常识**

1. 看等级 防盗门安全等级分为甲级、乙级和丙级、丁级。甲级要求：全钢质、平开全封闭式，在普通机械手工工具与便携式电动工具相互配合作用下，其最薄弱环节能够抵抗非正常开启的净时间大于或等于 15 分钟。

2. 看质量 防盗门的材质目前普遍用不锈钢，选购时主要看两点：牌号，现流行的不锈钢防盗门材质以牌号 302、304 为主；钢板厚度，门框钢板厚度不小于 2 cm，门扇前后面钢板厚度一般有 0.8~1 cm，门扇内部设有骨架和加强板。

3. 看锁具 锁具合格的防盗门一般采用三方位锁具或五方位锁具，不仅门锁可以锁定，上下横杆都可插入锁定，对门加以固定。大多数门在门框上还嵌有橡胶密封条，关闭门时不会发出刺耳的金属碰撞声。要注意是否采用经公安部门检测合格的防盗专用锁，在锁具处应有 3 mm 以上厚度的钢板进行保护。

4. 看细节 注意看有无开焊、未焊、漏焊等缺陷，看门扇与门框配合处的所有接头是否密实，间隙是否均匀一致，开启是否灵活，油漆电镀是否均匀、牢固、光滑等。

施工小贴士

CONSTRUCTION TIPS

① 先测量门洞尺寸，根据楼道确定开启方向。门洞尺寸应大于所安装门的尺寸，并留有一定的余隙（1.5~3 cm），方便安装时调试校正。

② 安装时把防盗门放进门洞，四周用木栓塞紧，并校正水平和垂直度，调试后使门扇开启灵活，然后打开门扇，用电锤通过门框安装孔钻好安装孔，逐个用膨胀栓紧固好。膨胀栓钻进墙壁的深度要大于或等于 5 cm，冲击电锤的钻头需和膨胀栓尺寸符合。

钢木防盗门颜色款式多样

实木门
耐腐蚀，保温隔热

> **材料速查：**
>
> ① 经实木加工后的成品实木门具有不变形、耐腐蚀、隔热保温、无裂纹等特点。此外，实木具有调温调湿的性能，吸声性好，从而有很好的吸音隔声作用。
>
> ② 因所选用材料多是名贵木材，故价格上略贵。
>
> ③ 实木门可以为家居环境营造典雅、高档的氛围，因此十分适合欧式古典风格和中式古典风格的家居设计。
>
> ④ 实木门可以用于客厅、卧室、书房等家居中的主要空间。
>
> ⑤ 实木门的价格一般大于或等于 2500 元 / 樘，比较适合高档装修的家居。

实木门硬度高、无毒环保

实木门硬度高、光泽好、不变形、抗老化，属高档豪华产品。同时能够防蛀、防潮、防污、耐热、抗裂，且坚固不变形，隔声、隔热效果好，属经久耐用产品。因为原料天然，所以无毒、无味，不含甲醛、甲苯，无辐射污染，环保健康，属绿色环保产品。富有艺术感，显得高贵典雅，能起到点缀居室的作用。

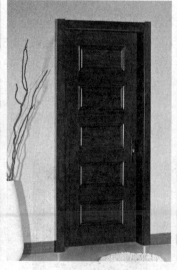

实木门造型

材料**大比拼**

种 类	特 点	价 格
实木雕花门	实木雕花门所选用的多是中高档硬木，如胡桃木、柚木、红橡、水曲柳、沙比利等，富有较强的艺术性与欣赏性。但价格较贵	3500 元 / 樘以上
全实木门	全实木门又被称为原木门，顾名思义，就是从内到外，都是用一种木材制作而成。经加工后的成品全实木门具有不变形、耐腐蚀、无裂纹及隔热保温等特点	2800～4600 元 / 樘
实木工艺门	指的是用密度板制作门的框架，表面可见部分贴高档木材的木皮，而门的内部填充杉木、松木等相对廉价的木料。实木工艺门的色差比较小，不易开裂，价格较为适中	2800～4800 元 / 樘

选购**小常识**

1. 检查实木门的漆膜 触摸感受实木门漆膜的丰满度，漆膜丰满说明油漆的质量好，对木材的封闭好；可以从门斜侧方的反光角度，看表面的漆膜是否平整，有无橘皮现象，有无突起的细小颗粒。

2. 看实木门表面的平整度 如果实木门表面平整度不够，说明选用的是比较廉价的板材，环保性能也很难达标。

3. 根据花纹判断实木的真伪 如果是实木门，表面的花纹会非常不规则，如门表面花纹光滑整齐漂亮，往往不是真正的实木门。

4. 敲击听声音 选购实木门要看门的厚度，可以用手轻敲门面，若声音均匀沉闷，则说明该门质量较好。一般来说，木门的实木比例越高，这扇门就越沉。

施工
小贴士

CONSTRUCTION TIPS

① **门套安装** 门套与门框的连接处，应严密、平整、无黑缝；门套对角线应准确，2 m 以内允许公差小于或等于 1 mm，2 m 以上允许小于或等于 1.5 mm；门套装好后，应三维水平垂直，垂直度允许公差 2 mm，水平平直度公差允许 1 mm；门套与墙体结合处应有固定螺钉，应大于或等于 3 个 / m；门套宽度在 200mm 以上应加装固定铁片；门套与墙之间的缝隙用发泡胶双面密封，发泡胶应涂匀，干后切割平整。

② **门扇安装** 安装后应平整、垂直，门扇与门套外露面相平；门扇开启无异响，开关灵活自如。门套与门扇间的缝隙，下缝为 6 mm，其余三边为 2 mm；所有缝隙允许公差 0.5mm。门套、门线与地面结合缝隙应小于 3 mm，并用防水密封胶封合缝隙。

材料**搭配秘诀**
—◆— material collocational tips

实木造型门为空间增添豪华气息

在实木门的表面设计做旧工艺，或者选择质感古朴的实木制作木门，其质感强烈，往往能成为空间内的设计亮点。对于一些高档装修的空间，设计这类的实木门，然后搭配简单的墙面造型，可以营造出颇具历史感的家居空间。

Designer **微课堂**
设计师

赖小丽
广州胭脂设计事务所创始人 /
设计总监

实木门和墙、地面形成
色彩反差更美观

在实木门与墙面、地面的"色彩关系"里，木门同家具的颜色比较接近，同墙面色彩需要有一些对应性的反差。例如房间选择了白色的实木门，最好让墙面带有色彩，这样才会让房间有层次感，不至于太"平"。不少业主在装修时，选择了白色的实木门，墙壁还是白色的，这样使房间单调，缺少生机。

◀ 双开门的古老木门，其表面的做旧及实木质感使其成为空间内绝对的设计亮点

▲ 时尚造型的实木门与不锈钢的饰品彰显出空间的现代感

实木门的颜色宜与室内色彩相协调

实木门的原料是天然树种，因此色彩和种类很多，在选择颜色时，宜与居室整体风格相匹配。当室内主色调为浅色系时，可挑选如白橡、桦木、混油等冷色系木门；当室内主色调为深色系时，可选择如柚木、沙比利、胡桃木等暖色系的木门。此外，实木门的色彩选择还应注意与家具、地面的色调要相近。除了颜色外，实木门的造型也应与居室装饰风格相一致。

▲ 浅淡的枫木门与空间整体简约的氛围相适应

实木复合门
有实木门的质感，但价格低

材料速查：

① 实木复合门充分利用了各种材质的优良特性，避免采用成本较高的珍贵木材，有效地降低生产成本。除了良好的视觉效果外，还具有隔声、隔热、强度高、耐久性好等特点。

② 实木复合门由于表面贴有密度板等材料，因此怕水且容易破损。

③ 实木复合门较适合应用于客厅、餐厅、卧室、书房等家居空间。

④ 实木复合门比实木门的价格略低，一般大于或等于 1800 元 / 樘。

实木复合门重量轻，不易变形

实木复合门重量较轻，不易变形、开裂。此外还具有保温、耐冲击、阻燃等特性，隔声效果同实木门基本相同。高档的实木复合门不仅具有手感光滑、色泽柔和的特点，还非常环保，坚固耐用。缺点是较容易破损，且怕水。

实木复合门的色彩质感不输实木，但不能雕花和做复杂造型

材料**大比拼**

种　类		特　点	价　格
白茬门		没有上油漆，买回去后需找油工手工刷上油漆，由于手刷油漆，降低了门的品质	1300～1800 元 / 樘
油漆门		也称成品门，在工厂已喷涂油漆的门，可直接安装	1800～3200 元 / 樘
平口门		门的边缘是平的，传统的门全部是平口门，由于锁开启的原因，门与门框之间需有 3 mm 的缝隙	1800～3200 元 / 樘
T形口门		从欧洲引进的新型门，门的边缘是 T 形口，凸出的部分压在门套上，并配有密封胶条，密闭隔声效果好，整体美观	2300～4000 元 / 樘

选购**小常识**

1. 根据平整度判断质量　木皮起泡，说明木皮在贴附过程中受热不均，或者涂胶不均匀，平板热压机可以解决平板门贴皮时受热不均的问题。木门表面平整度不够，说明板材选用比较廉价。

2. 门的颜色与家具保持一致　木门应该同家具的颜色比较接近，应该同窗套哑口尽量保持一致（现在的套装门好多带有配套的窗套哑口、踢脚板、护角线）、同墙面色彩要有对应性反差。如：用混油白色的木门最好让墙面漆带有色彩。

3. 看门的结构　实木复合门的内部结构一般为平板和实木两种。实木芯在做工上，采用传统工艺，结构稳定，立体感和厚重感并存；平板门的优势在于简洁大方的外观，在着色和选材方面更加灵活广泛，具有很强的现代感。

施工
小贴士

CONSTRUCTION TIPS

① **安装时间**。实木复合门属于安装项目的一项，可以与洁具、橱柜等安装工程同步进行。木门安装在工程过半以后，一般都在大面积的施工项目完成以后，具体来说就是墙、地砖、地板等都已铺装完成，且墙面的泥子已刮过两次，面漆已经刷过一次之后。

② **打泡沫胶**。门套板与墙体间的缝隙一般会使用泡沫胶。这层泡沫胶不必打得严严实实将所有缝隙充满，只要虚实相间即可，一般需要 5 cm 的间隙，以方便泡沫胶纵向膨胀及通风固化。由于泡沫胶有弹性和可塑性，如果填充过密则会把门套顶出去，与墙黏合不紧密，门套会呈弧形，影响门的闭合。

材料**搭配秘诀**
—●— material collocational tips —

平板的实木复合门给空间带来简约感

　　平板门外形简洁、现代感强，材质选择范围广，色彩丰富，可塑性强，易清洁，价格适宜，但视觉冲击力偏弱。适合追求简洁、素雅的空间使用。平板门也可以通过镂铣塑造多变的古典式样，但线条的立体感较差，缺乏厚重感。

◀ 带有竖条纹理的实木复合门给现代风格的客厅增添设计感

◀ 实木复合门与墙面的面板色调一致，衬托出现代风格的时尚感、简约感

▲ 隐形的实木复合门不会破坏整个空间的简约感

开放漆的复合门彰显空间的儒雅气质

复古空间的实木复合门表面可以采用开放漆处理，成功地保留了木材的天然纹理，令空间彰显古朴典雅的书香韵致。

▶ 胡桃木饰面的复合门采用开放漆，表现出门的纹理

模压门
价格低，不易开裂、氧化

材料速查：

① 模压门的价格低，却具有防潮、膨胀系数小、抗变形的特性，使用一段时间后，不会出现表面龟裂和氧化变色等现象。

② 模压门的门板内为空心，隔声效果相对实木门较差；门身轻，没有手感，档次低。

③ 模压门比较适合现代风格和简约风格的家居。

④ 模压门广泛应用于家居中的客厅、餐厅、书房、卧室等空间。

⑤ 一般模压门连门套在内的价格为 750 ~ 800 元 / 樘，受到中等收入家庭的青睐。

模压门一次成型不易变形

模压门是采用模压门面板制作的带有凹凸造型的或有木纹、或无木纹的一种木质室内门。它以木皮为板面，保持了木材天然纹理的装饰效果，同时也可进行面板拼花，既美观活泼又经济实用。同时还具有防潮、膨胀系数小、抗变形的特性，使用一段时间后，不会出现表面龟裂和氧化变色等现象。

材料**大比拼**

种　类	特　点	价　格
实木贴皮模压门	是指表面贴饰天然木皮，如水曲柳、黑胡桃、花梨和沙比利等珍贵名木天然实木皮的模压门板，它是模压门板的中流砥柱，生态复合实木门占据了整个门业消费市场的 50% 以上	800～1400 元/樘
三聚氰胺模压门	三聚氰胺模压门板特指表面贴饰三聚氰胺纸的模压门板，它的特点是造价相对便宜，适用于低品质工程装修要求，目前已经有渐渐淡出市场的趋势	750～1000 元/樘
塑钢模压门	塑钢模压门指以钢板为基材，压成各种花形后，再吸塑做成的 PVC 钢木门板。该类门板看起来很铜墙铁壁，在市场上占据一定份额，适合做室外门，深受部分消费者喜欢	1000～1500 元/樘

选购**小常识**

1. 了解内框的龙骨质量　选购模压门应注意，贴面板与框体连接应牢固，无翘边、无裂缝。内框横、竖龙骨排列符合设计要求，安装合页处应有横向龙骨。

2. 关注模压门的隔声性能　无论是户门还是房门，都需要有较好的隔声、耐冲击的能力，才能有使用的安全感。因此，要选择材料材质密实、结构坚固、使用安全的模压木门。

3. 检查模压门的表面　用手抚摩门的边框、面板、拐角处，要求无刮擦感，柔和细腻，然后站在门的侧面迎光看门板的油漆面是否有凹凸波浪。

施工小贴士

CONSTRUCTION TIPS

① **看线条是否方正垂直。**门板或者门框的垂直线没有做好，会造成门合不上的情况发生，因此门扇要方正，不能翘曲变形，门扇刚刚能塞进门窗框，并与门窗框相吻合。如果门扇与框缝隙大，主要是因为安装时刨修不准或者是门框与地面不垂直，可将门扇卸下重新刨修；如门窗框不垂直，应在框板内垫片找直。

② **看门套是否无空鼓、无弯曲。**用手敲击门窗套侧面板，如果发出空鼓声，就说明底层没有垫细木丁板等基层板材，这样的门是不会坚固的，应拆除重做。门套立套板应垂直于地平，无弯曲现象，门套线与墙体表面密合。

材料**搭配秘诀**
—— material collocational tips ——

▲ 白色实木复合门线条感强、造型突出，在简约风格的客厅中显得非常典雅

▲ 带有磨砂玻璃的模压门适合小面积卧室，能为空间带来通透性

白漆模压门令简约风格更具小资情调

　　一体成型的模压门造型凹凸有致，干净典雅的白色调搭配柔软的布艺织物令空间更具小资格调，非常适合年轻的小夫妻选用。

Designer 设计师微课堂

王五平
深圳太合南方建筑室内设计
事务所总设计师

模压木门的隔声和防潮性稍差

　　模压木门因价格较实木门更经济实惠，且安全方便，而受到中等收入家庭的青睐。模压木门是由两片带造型和仿真木纹的高密度纤维模压门皮板经机械压制而成。由于门板内是空心的，自然隔声效果相对实木门来说要差些，并且不能浸水和磕碰。

根据使用空间选择不同款式的模压门

　　模压门根据使用空间，可以选择不同的款式：如卧室门最重要的是考虑私密性和营造一种温馨的氛围，因而多采用透光性弱且坚实的门型，如造型优雅的模压门。书房门则应选择隔声效果好、透光性好、设计感强的门型，如配有甲骨文饰的磨砂玻璃或古式窗棂图案的模压门，能产生古朴典雅的书香韵致。

▶ 电视背景墙两侧选用带有玻璃的模压门，令视觉得以延伸

▼ 带有玻璃的模压门令红棕色为主的卧室不显沉重

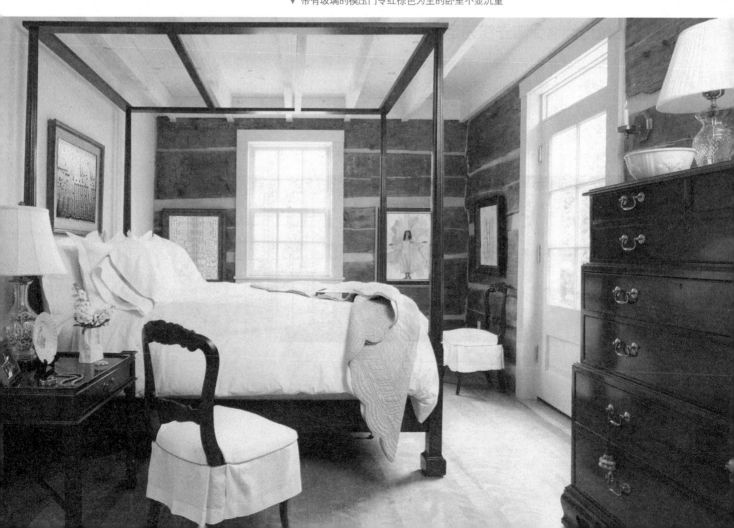

玻璃推拉门
透光性好，不占空间

材料速查：

① 根据使用玻璃品种的不同，玻璃推拉门可以起到分隔空间、遮挡视线、适当隔声、增加私密性、增加空间使用弹性等作用。

② 玻璃推拉门的缺点为通风性及密封性相对较弱。

③ 玻璃推拉门在现代风格的空间中较常见。另外，市面上的玻璃推拉门框架有铝合金及木制的，可根据室内风格搭配选择。

④ 玻璃推拉门常用于阳台、厨房、卫浴、壁橱等家居空间中。

⑤ 玻璃推拉门的价格一般大于或等于 200 元 / m²，材料越好、越复杂的越贵。

玻璃推拉门能够保障光线充足

玻璃推拉门既能够分隔空间，还能够保障光线的充足，同时隔绝一定的音量，而拉开后两个空间便合二为一，且不占空间，现在多数家庭中都有玻璃推拉门的身影，市面上的玻璃拉门框架有铝合金的，还有木制的，可根据室内风格搭配选择。

不同风格的玻璃推拉门

材料**大比拼**

种　类	特　点	价　格
铝镁合金推拉门	以铝镁合金为推拉门的结构材料，具有轻薄、美观的特点	600~800 元 / 樘
塑钢推拉门	以塑钢为推拉门的结构材料，是市场中最常见的推拉门材料，具有坚固、耐刮划、使用寿命长久等特点	450~700 元 / 樘
实木推拉门	以实木材料为结构的推拉门，档次较高，装饰效果精美	700~1500 元 / 樘

选购**小常识**

1. 检查密封性　目前市场上有些品牌的推拉门底轮是外置式的，因此两扇门滑动时就要留出底轮的位置，这样会使门与门之间的缝隙非常大，密封性无法达到规定的标准。

2. 看底轮质量　承重能力较小的底轮一般只适合做一些尺寸较小且门板较薄的推拉门，进口优质品牌的底轮，具有180 kg 承重能力及内置的轴承，适合制作各种尺寸的滑动门，同时具备底轮的特别防震装置，可使底轮能够应对各种状况的地面。

3. 选安全玻璃　除了壁柜门不能用透明玻璃以外，其他推拉门玻璃要占据大部分，玻璃的好坏直接决定门的价钱高低。最好选钢化玻璃，碎了不伤人，安全系数高。外表应通透明亮。

4. 挑轨道高度　地轨设计的合理性直接影响产品的使用舒适度和使用年限，选购时应选择脚感好，且利于清洁卫生的款式，同时，为了家中老人和小孩的安全，地轨高度以不超过 5 mm 为好。

施工小贴士

CONSTRUCTION TIPS

① 推拉门的施工高度有要求。推拉门上部的轨道盒尺寸要保证在高 12 cm、宽 9 cm。像窗帘盒一样，轨道盒内安装轨道，可以将推拉门悬挂在轨道上。如今大多数门或门洞的高度是 1.95~2.15 m。经验表明，当门的高度低于 1.95 m 时，不管人的身高是多少，都会感觉很压抑，不舒服。因此，在做推拉门时，高度最少要在 2.07 m 以上，有足够空间做轨道盒才可以考虑做推拉门。

② 推拉门的宽度有讲究。正常门的黄金尺寸在 80 cm×200 cm 左右，在这种结构下，门是相对稳定的。如果有高于 200 cm 的高度，甚至更高的情况下做推拉门，最好在面积保持不变的前提下，将门的宽度缩窄或多做几扇推拉门，保持门的稳定和使用安全性。

材料搭配秘诀
—◆— material collocational tips —◆—

玻璃推拉门令空间光线更舒适

如果卧室或客餐厅有一个独立的小阳台可以把阳台门设置成玻璃推拉门，同时搭配遮光的窗帘，这样既保证了隐私性又令空间充满了阳光的活力。

▲ 大面积的玻璃推拉门让阳光洒满卧室，给居住者带来惬意的感受

▲ 玻璃推拉门和窗帘全部选用深灰色调，给现代风格的客厅带来酷雅感

Designer 设计师微课堂

周晓安
苏州周晓安空间装饰设计
有限公司设计总监

根据空间需求选择
推拉门透明度

推拉门按照其材质透明度的差异，具有不同程度的遮挡视线的作用。不同功能区域对可见度的要求各异，将大空间通过隔断划分成小空间时还要考虑采光的问题，对于采光要求较高的阅读区域可用透光性好的推拉门。

▲ 简洁时尚的玻璃推拉门衬托出简约风格的精致感

滑动式玻璃拉门是节约空间的好帮手

在推拉门的设计中，滑动式拉门无疑是节约空间的最佳帮手。这种拉门仅需要一个滑动轨道便可成形，使用起来非常便捷，同时还具有较高的密闭性，用于厨房，可以有效地防止油烟外泄；用于卫浴，则能防止水花外溅；用于客厅或卧室则能很好地进行隔声，是非常实用的分隔设计。

▶ 厨房与客厅之间用滑动门进行分隔，设计手法简单而实用

窗

　　家是的栖息之所，是自己营造的一个相对独立的小环境，而窗户则是挡风避雨、遮阳隔声，保护自己不受到任何来自外界的因素侵扰的必要结构，因此其材质和效果的好坏至关重要。

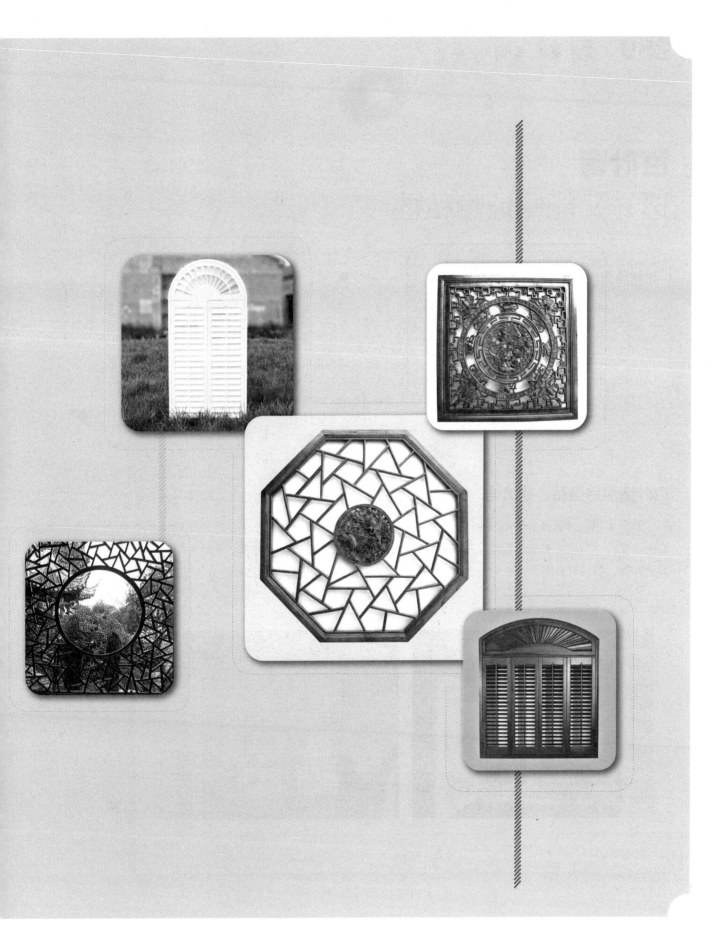

百叶窗
透光又能保证隐私性

材料速查:

① 百叶窗可完全收起,使窗外景色一览无余,既能够透光又能够保证室内的隐私性,开合方便,很适合大面积的窗户。

② 百叶窗的叶片较多,不太容易清洗。

③ 百叶窗被广泛应用于乡村风格、古典风格和北欧风格的家居设计中。

④ 百叶窗在家居中的卧室、书房和卫浴等空间的运用广泛。

⑤ 百叶窗的价格为 1000 ~ 4000 元 / m²,适合中等装修的家居使用。

百叶窗保护隐私、易清洁

百叶窗以叶片的凹凸方向来阻挡外界视线,采光的同时,阻挡了由上至下的外界视线。独特的造型设计方式,节省了空间且重量更轻,制作方便,成本低。清洁简单,平时只需以抹布擦拭即可,清洗时请用中性洗剂。不必担心褪色、变色。防水型百叶窗还可以完全水洗。

百叶窗的形式

选购**小常识**

1. 看质量 选购百叶窗时，最好先触摸一下百叶窗窗棂片是否平滑平均，看看每一个叶片是否会起毛边。一般来说，质量优良的百叶窗在叶片细节方面的处理较好，若质感较好，那么它的使用寿命也会较长。

2. 看叶片 看百叶窗的平整度与均匀度、看看各个叶片之间的缝隙是否一致，叶片是否存在掉色、脱色或明显的色差（两面都要仔细查看）。

3. 看外观 选择百叶窗需要结合室内环境，选择搭配协调的款式和颜色。同时，结合使用空间的面积进行选择。如果百叶窗用来作为落地窗或者隔断的，一般建议使用折叠百叶窗；如果作为分隔厨房与客厅空间的小窗户，建议使用平开式；如果是在卫生间用来遮光的，可选择推拉式百叶窗。

① 百叶窗有暗装和明装两种安装方式。暗装在窗棂格中的百叶窗，其长度应与窗户高度相同，宽度却要比窗户左右各缩小 1~2 cm。若明装，则长度应比窗户高度长 10 cm 左右，宽度比窗户两边各宽 5 cm 左右，以保证其具有良好的遮光效果。

② 安装时确认每片百叶窗的叶片角度调整都没有问题，叶片表面平滑无损伤；不论是对开窗、折叠窗或推拉窗型，都要确认开启是否顺畅；若有轨道，则检视水平度及五金零件是否齐备。

材料**搭配秘诀**

—◆— material collocational tips —

百叶窗适用于卧室的大面积窗户

百叶窗可完全收起，使窗外景色一览无余。既能够透光又能够保证室内的隐私性，开合方便，很适合大面积的卧室窗户。

▲ 百叶窗给卧室带来舒适感

中式窗棂
塑造浓郁的中式韵味

材料速查：

　① 中式窗棂指的是中式窗上面的菱格，是具有浓郁中国传统特色的装饰品。中式窗棂具有浓郁的复古气息，能够将现代空间装饰出中式韵味。

　② 窗棂在现代居室空间的使用多半做局部的点缀性装饰，可用作壁饰、隔断、天花装饰、桌面、镜框等。其雕工精致的花纹为居室带来盎然古意。

　③ 中式窗棂不仅适用于中式古典风格和新中式风格，还可用于东南亚风格、新古典风格等空间装饰。

　④ 价格从几百到几万均有，与大小及所用木质、流传时间有关。

精致的做工具有古典意韵

　　中国传统木构建筑的框架结构设计，使窗成为中国传统建筑中最重要的构成要素之一，成为建筑的审美中心。中式窗的传统构造十分考究，窗棂上雕刻有线槽和各种花纹，构成种类繁多的优美图案。透过窗子，可以看到外面的不同景观，好似镶在框中挂在墙上的一幅画。

独具韵味的中式窗棂

中式窗棂除了流传还有仿古款

窗棂可按时间分为老件和现代产品，老件指的是经历了时间流传下来的物件，通常时间较久远，带有浓郁的沧桑感，价值高，图案以传统的为主，如花鸟、蝙蝠、牡丹、祥云、龙凤等，或文字的"福""禄""寿"等。现代产品是通过工艺生产出来的产品，多为机器制造，也有手工产品。图案多经过改良，比较适应现代特点，尺寸多，可定做，价位比老件低，也可制成仿古的产品。

▶ 具有古典韵味的中式窗棂

材料**搭配秘诀**
—————— material collocational tips ——————

中式窗棂做屏风、隔断，增强实用性

由于窗花门片的镂空特性，将它作为现代居室空间的隔屏，除了可为室内带来通透性，在艺术效果外，还增加了实用性价值，可谓一举两得。

▶ 实木窗棂隔而不断，给新中式的客厅带来进深层次

仿古窗花
色彩多样，便于养护

材料速查：

　① 仿古窗花指的是窗子上面的花纹图样。仿古窗花有非常多的图案，且每一种图案都有不同的寓意，用在室内空间中象征吉祥。

　② 仿古窗花为实木产品，具有实木的特征，如过于潮湿或过于干燥则容易开裂，不能够在阳光下曝晒。

　③ 适用于中式古典风格和新中式风格。

　④ 可以用来装饰屏风、隔断、假窗等。

　⑤ 根据图案的复杂程度价格也不同，最低的几十元，贵的上千元。

仿古窗花不同图案具有不同的寓意

　　在仿古窗花的雕刻上古民居木艺中常常采用暗示意喻来寄托雕刻主人的希望。其中常见的有：兽代表长寿；蝙蝠代表福气临门；鲤鱼寓意学业有成；鹤寓意老人长寿；喜鹊代表喜庆临门；牡丹代表荣华富贵；莲代表清廉；葵寓意多子。除此之外，也常用五只蝙蝠来代表福运；八仙祝寿象征祈求吉祥喜庆等。

中式窗花图案

仿古窗花榫卯结构更为合理

仿古窗花原料是实木，若在温度变化大的地区很容易出现热胀冷缩，机器生产的产品不如手工榫卯技巧衔接的性能好，后者没有钉子，有热胀冷缩的余地。

小配件加固

在窗花上可以安装铜片来加固，甚至不用给铜片做仿锈处理，让岁月斑驳的痕迹显现在铜片上，搭配上仿古窗花，更具韵味。

格纹也有象征意义

除了窗花图，窗框和图案之间的格纹也存在象征意义，例如以横线与竖线穿插的格纹，就象征着步步高升。喜欢单纯的图样，可以选择文字类的，造型简单而又寓意吉祥。

▲ 仿古窗花可用于屏风、仿古装饰窗等构件上面

隐形防护网
防盗窃，更安全

材料速查:

① 隐形安全防护网，是一种安装于窗户、阳台等处，为居家生活及办公提供防护、防盗、防坠物等安全保障的新型建筑安防产品，它集安全、美观、实用等诸多优点于一身，是家居安防的最新产品。

② 隐形防盗窗安全性能比不上传统不锈钢防护窗。

隐形防护网比传统护栏更美观

安装隐形防护网，比起传统的护栏更美观，不会生锈、腐蚀。能够防止阳台衣物、花盆掉落；保障小孩安全，预防攀爬；缓和高空不适心理；充分利用阳台有效空间；不影响视线和城市景观；可与智能防盗系统连接；符合消防环卫要求；火警时可在几秒钟内快速拆除；15 m 外完全隐形等。

隐形防护网的外观效果

安全防护产品的四大类

类　别	特　点
电子式防护网	有预警、报警装置，电子安全防盗系统，红外探测器（被动红外）、对射栅栏（主动红外）、双鉴探测器、震动探测器、玻璃破碎探测器等。价位较高，使用较不稳定，因是被动预警式装置，无法阻挡突发性安全事故的发生。在住宅楼、商业楼层安装的较少
固定式防护网	传统上的铁网、铁栅、不锈钢安全格栅、铝安全格栅、玻璃钢安全格栅等金属或新材料格栅、格网。固定式防护网安全性能较好，但外观笨重，粗糙，观感较差，使人产生较强压抑感
隐形钢丝绳防护网	工艺使用的钢丝绳材料直径小，远处观看隐形，使用时无压抑感，钢丝绳相互间的间距小，制作加工、搬运、安装方便，受到市场的普遍好评，现应用较广泛
隐形钢芯防护网	采用304、316不锈钢材料，耐久性好，能长久使用。隐形钢芯防护网构造为通用配件组装，如进行拆装，能进行回收及二次使用。隐形钢芯防护网按建筑构造、安装方法不同，分为平装式钢芯安全网和附壁式钢芯安全网和斜拉式钢芯安全网三种。三种钢芯安全网使用型材型号相互间能通用

材料**搭配秘诀**
—— material collocational tips ——

隐形防护网令建筑外观更统一

　　隐形防护网告别了传统防护网笨重粗糙的感觉，保障安全的同时又令建筑外观更为整体统一。

◀ 隐形防护网更加简洁干净

折叠纱窗
改变传统纱窗的缺点

材料速查：

① 折叠纱窗造型美观，结构严谨。隐形纱窗采用玻璃纤维纱网，边框型材为铝合金，其余的衔接配件全部采用 PVC，分体装配，解决了传统纱窗与窗框之间缝隙太大、封闭不严的问题，使用起来安全美观且密封效果好。

② 直接安装于窗框，木、钢、铝、塑门窗均可装配，无须油漆着色。

③ 折叠纱窗的价格为 200~350 元 / m²。

材料**大比拼**

种　类	内　容	价　格
双道折叠	双道折叠纱窗适合大面积窗口或者落地窗，窗框比较宽，会占据开窗的面积，方便收纳，使用简单	260 元 / m²
一纱一道	一纱一道纱窗是带有不织布的款式，能够保证私密性，既可遮阳又能通风，材质软，重压易变形	300 元 / m²

双轨道折叠纱窗
的推拉方法

CONSTRUCTION TIPS

折叠纱窗的推拉是靠轨道里的线轴运动完成的，使用时虽然可以顺畅地一下拉到底，但是还是建议分成两段或者三段拉开，让线轴有一个缓冲，这样可以延长纱窗的使用寿命，也可避免因为暴力而提前损坏。

选购**小常识**

看材质 隐形纱窗的型材现在市场主要分为铝合金和塑钢两种产品。塑钢型材工程使用较多，轴承分为国产轴承和进口轴承。若所在地区风沙天气较多，最好选购进口全封闭无声轴承。国产轴承是敞开式轴承，如果进入尘土，运转就会不畅。

使用、存储方便

轻轻一按，卷帘隐形纱窗可自动卷起或随窗而动；四季无须拆卸，既便于纱窗的保存、延长了使用寿命，又节省了宝贵的存储空间，从而解决了传统纱窗采光不好及存放的难题。

▲ 素色网纱面材透光又防尘、防蚊虫

折叠纱窗加一层不织布可保证隐私性

如果在卫浴间、卧室等空间使用折叠纱窗，害怕保证不了隐私性，可以加一层半透光的不织布。而安装在客厅等公共区域的则不需要担心隐私性，但若窗子的宽度超过2 m，建议安装双道或者多道折叠式纱窗，方便使用。

▲ 外形为风琴一样的网纱褶皱，开关方便

使用范围广，无毒无味

使用范围广。直接安装于窗框，木、钢、铝、塑门窗均可装配；耐腐蚀、强度高、抗老化、防火性能好，无须油漆着色。纱网无毒无味。纱网选用玻璃丝纤维，阻燃效果好。具有防静电功能，不沾灰，透气良好。透光性能好，具有真正意义上的隐形效果。抗老化，使用寿命长、设计合理。

▲ 除了素色网还有印有图案的款式

常用五金配件

越小的五金件发挥的作用往往越大，门锁、门吸、地漏等虽然使用的部位不多，却是使用率很高的五金件，很多人都是随意购买而不像其他大的配件那样讲究，这是一个错误的观念，不合格的五金件很容易出现问题，需要频繁更换，非常影响使用。

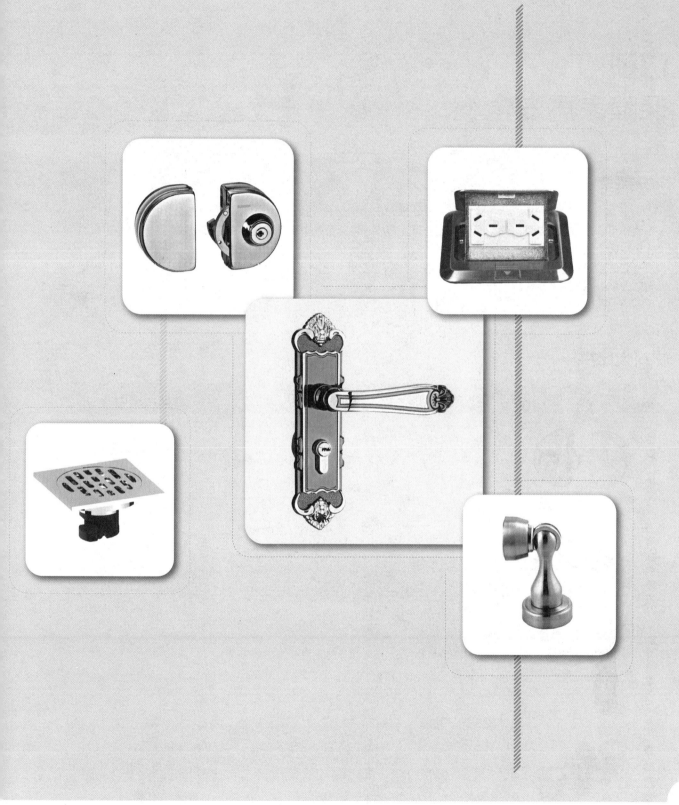

门锁
保障家居安全

材料速查：

　　① 家居中只要带门的空间，都需要门锁，入户门锁常用户外锁，是家里家外的分水岭；通道锁起着门拉手的作用，没有保险功能，适用于厨房、过道、客厅、餐厅及儿童房；浴室锁的特点是在里面能锁住，在门外用钥匙才能打开，适用于卫浴。

　　② 门锁的价格差异较大，低端锁的价格为 30 ~ 50 元 / 个，较好一些的门锁价格可达上百元，可以根据实际需求进行选购。

材料大比拼

种类		特点	材质	应用范围
玻璃门锁		表面处理多为拉丝或者镜面，美感大方，具有时尚感	采用高强度结构钢、锌合金压铸或不锈钢制成；克服了铁、锌合金易生锈、老化、刚性不足的缺点	常用于带有玻璃的门，如卫浴门、橱窗门等
三杆式执手锁		门锁的把手造型简单实用，制作工艺相对简单，造价低	材质主要为铁、不锈钢、铜、锌合金。铁用于产品内里结构，外壳多用不锈钢，锁芯多用铜，锁把手为锌合金材质	一般用于室内门门锁。尤其方便儿童、年长者使用
插芯执手锁		此锁分为分体锁和连体锁。品相多样	产品材质较多，有锌合金、不锈钢和铜等	产品安全性较好，常用于入户门和房间门
球形门锁		门锁的把手为球形，制作工艺相对简单，造价低	材质主要为铁、不锈钢和铜。铁用于产品内里结构，外壳多用不锈钢，锁芯多用铜	可安装在木门、钢门、铝合金门及塑料门上。一般用于室内门

选购**小常识**

1. 看品牌　选择有质量保证的生产厂家生产的品牌锁，注意看门锁的锁体表面是否光洁，有无表面可见的缺陷。

2. 看方向　注意选购和门同样开启方向的锁，可将钥匙插入锁芯孔开启门锁，测试是否畅顺、灵活。

3. 看门边框　注意家门边框的宽窄，安装球形锁和执手锁的门边框不能小于 90 cm。同时旋转门锁执手、旋钮，看其开启是否灵活。

4. 看锁舌　一般门锁适用门厚为 35~45 mm，但有些门锁可延长至 50 mm，应查看门锁的锁舌，伸出的长度不能过短。

5. 分清左右手门锁　部分执手锁有左右手分别。在门外侧面对门时，门铰链在右手处，即为右手门；在左手处，即为左手门。

CONSTRUCTION TIPS

① 应在门扇上好油漆并干透后再安装锁具，因为有些油漆对门锁表面有破坏作用。

② 安装门锁前先确认门的开合方向与锁具是否一致，以及确定门锁在门上的安装高度（通常门锁离地面高度约为 1 m），取出门锁安装说明书仔细阅读清楚后，准备安装工具。取出门锁安装开孔纸规，贴在门上定出开孔位置及大小，使用相应的工具在门上开出安装孔，按示意图的顺序，将门锁安装在门上，并调试至顺畅。

与室内风格配套搭配的门锁

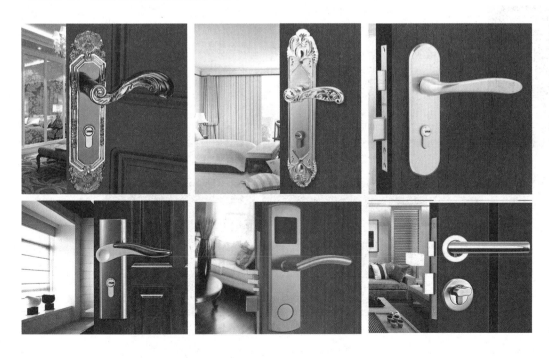

门吸
固定门扇，保护墙面

> **材料速查：**
>
> ① 门吸的主要作用是用于门的制动，防止其与墙体、家具发生碰撞而产生破坏，同时可以防止门被大的对流空气吹动而对门造成伤害。
>
> ② 安装门吸时，业主要先将门完全打开，看门锁、门板会不会碰撞墙面或其他物体，然后测量门吸的准确位置。如果门后有带柜门或抽屉的书柜或衣柜，安装好的门吸应不阻碍柜门和抽屉的打开。
>
> ③ 门吸的价格便宜，一般大于或等于 5 元/个。

"墙吸""地吸"应根据需求来选择

门吸是安装在门后面的一种小五金件。在门打开以后，通过门吸的磁性把门稳定住，防止门被风吹后自动关闭，同时也防止在开门时用力过大而损坏墙面。常用的门吸又叫作"墙吸"。目前市场还流行的一种门吸，称为"地吸"，其平时与地面处于同一个平面，打扫起来很方便；当关门的时候，门上的部分带有磁铁，会把地吸上的铁片吸起来，及时阻止门撞到墙上。

墙吸

地吸

选购**小常识**

1. 选择品牌产品　品牌产品从选材、设计到加工、质检都足够严格，生产的产品能够保证质量且有完善的售后服务，这是十分必要的。

2. 看材质　门吸最好选择不锈钢材质，具有坚固耐用、不易变形的特点。质量不好的门吸容易断裂，购买时可以使劲掰一下，如果会发生形变，就不要购买。

3. 考虑适用度　比如，计划安在墙上，就要考虑门吸上方有无暖气、储物柜等有一定厚度的物品，若有则应装在地上。

CONSTRUCTION TIPS

① **量尺**。量尺寸是关键，预留合适的门后空间，并将门打开至需要的最大位置，测试门吸作用是否合理，门吸在门上的距离是否合适，角度是否合理。其中两点成直线，是确认门吸和开门的角度最好的方式。

② **确定安装位置**。用铅笔在地砖上画线确认门的位置，以及确认门开的最大位置，最终确认门吸的最后安装位置。

③ **安装**。安装在门上的门端只要用螺钉拧紧即可，最重要的是门端的定位，方法是先将门打开至最大，然后找到固定端与门接触的准确位置，用螺钉拧紧门吸门端。

④ **微调**。安装的最后一步是微调，调整门吸的角度，使之和门端门吸充分贴合，最后彻底拧紧螺钉。

墙吸的安装图

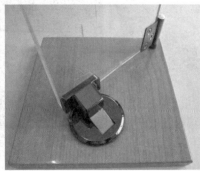

地吸的安装图

地漏
连接地面与排水管道的媒介

> **材料速查：**
>
> ① 地漏，是连接排水管道系统与室内地面的重要接口，作为住宅中排水系统的重要部件，它的性能好坏直接影响室内空气的质量，对卫浴间的异味控制非常重要。
>
> ② 地漏安装在容易出现积水的地方，如阳台、卫生间、厨房等位置。
>
> ③ 地漏价格差异较大，从 15 ~ 300 元的都有。

地漏的材质

目前市场上的地漏的材质主要分为三类：不锈钢地漏、PVC 地漏和全铜地漏。由于地漏埋在地面以下，且要求密封好，所以不能经常更换，因此选择适当的材质非常重要。不锈钢地漏因为无镀层、耐冲压，是比较受欢迎的一种；而 PVC 地漏价格便宜，防臭效果也不错，但是材质过脆，易老化，尤其北方的冬天气温低，用不了太长时间就需更换，因此市场也不看好；还有全铜镀铬地漏，它镀层厚，也是不错的选择，因为不锈钢和铜都是抗腐蚀较好的材料。

全铜镀铬地漏

选购**小常识**

1. 看水封 水封是有水封地漏的重要特征之一。选用时应了解产品的水封深度是否达到 50 mm。侧墙式地漏、带网框地漏、密闭型地漏一般大多不带水封；防溢地漏、多通道地漏大多数带水封，选用时应根据厂家资料具体了解清楚。对于不带水封地漏，应在地漏排出管配水封深度不小于 50 mm 的存水弯。

2. 看横截面 带水封地漏构造要合理、流畅，排水中的杂物不易沉淀下来；各部分的过水断面面积宜大于排出管的截面积，且流道截面的最小净宽不宜小于 10 mm。

3. 看功能 应优先采用防臭、防溢型地漏。

施工
小贴士

CONSTRUCTION TIPS

房地产商在交房时排水的预留孔都比较大，因此需要修整排水预留孔，使其与买回的地漏完全吻合。其中，地漏算子的开孔孔径应控制在 6~8 mm 之间，可防止头发、污泥、砂粒等污物的进入。若为多通道地漏，进水口不宜过多，两个完全可以满足需要（地面和浴缸或地面和洗衣机）。

无水封地漏防臭效果更好

无水封地漏是指通过机械或物理方式来防臭的款式，没有水封部分。一般有黄铜、不锈钢、锌合金等。锌合金耐腐蚀性不强，不锈钢地漏使用寿命较长，全铜地漏性能好，但价格高。

水封地漏

传统的地漏，通过水封来防臭，有浅水封、深水封和广口水封三种。内部有一个部件用来装水，从而隔开下水道的臭气。要随时注意水封深度，干了会返味。

开关、插座
接通，断开电路的小工具

材料速查：

① 开关和插座是用来接通和断开电路中电流的电气元件，有时为了美观还具有装饰的功能。

② 电源开关离地面一般在 120~135 cm（一般开关高度是和成人的肩膀一样高）。

③ 视听设备、台灯、接线板等的墙上插座一般距地面 30 cm（客厅插座根据电视柜和沙发而定），洗衣机的插座距地面 120~150 cm，电冰箱的插座为 150~180 cm，空调、排气扇等的插座距地面为 190~200 cm；厨房功能插座离地 110 cm，抽油烟机插座离地 220 cm。

④ 开关和插座的价格通常为 5~50 元 / 个。

材料**大比拼**

种 类		功 能	特 点	应用范围
翘板开关		通过搬动翘板来控制灯具开关的类型，最常见，有单控和双控两种类型，单控只控制一个灯具，双控是与另一个双控一起控制一个灯具	款式最多，安装简单，方便维修	卧室、客厅、过道建议使用双控开孔
调速开关		一般情况下调速开关都是配合电扇来使用的，可以通过转动调速开关的按钮来改变电扇的转速以及控制电扇的开、关	方便电扇的开关	适合安装有吊扇的家庭
定时开关		定时开关就是设定多少时间后关闭或开启设备，它会在设定时间自动关闭或开启设备	能够提供更长的控制时间范围	可用于灯具、电动窗帘的控制
触摸开关		轻触开关是一种电气开关，使用时轻轻点按开关按钮就可使开关接通，再次触碰时会切断电源	比翘板开关更省力、更卫生，但维修不方便	卧室、客厅、过道均可使用

续表

种　类	功　能	特　点	应用范围
三孔插座	三孔插座有 10 A 三孔插座［用于 2200 W 以下电器及制冷功率约 3000 W（1.2 匹）以下空调插座］和 16 A 三孔插座［用于制冷功率 3750~6250 W（1.5~2.5 匹）空调插座］两种	有接地线的保护措施，避免触电	大部分家用电器都适用
四孔插座	四孔插座分为普通四孔插座，即同时插接两个双控插头的类型，以及 25 A 三相四极插座，即用于插接制冷功率约 7500 W（3 匹）以上大功率空调	三相四极插座的四个孔为正方形分布	双插头电器多的地方或大功率空调的位置
多功能五孔插座	一种是可以接外国进口电器插头。还有一种是三孔功能不变，另外两孔可以直接接 USB 线口，给手机等智能电器充电	功能强大，可接国外电器	需要 USB 的位置或需要插进口电器的位置
插座带开关	插座上带有翘板开关，可以通过开关来控制插座电流的通断，不用在插、拔电器的插头，避免插头受损	使用方便，减少损耗	经常需要使用的电器的位置，如电饭锅
地面插座	一种地面形式的插座，有一个弹簧的盖子，使用时打开，插座面板会弹出来，不使用时关闭，可以将插座面板隐藏起来	内置于地面中，可隐藏	适用于不方便使用墙面插座的位置
网络插座	网络插座是用来接通网络信号的插头，可以直接将电脑等用网络的设备与网络连接，在家庭中较为常用	将网络信号固定在墙上，可多屋同时使用	除卫浴间和厨房外，可每个空间都装
双信息插座	同时接通两种信号线的插座，有两个插口，可以同时接一种信号，也可以接两种不同的信号	方便信号线的集中控制	适合安装在沙发旁边、床头等位置

选购**小常识**

1. 看材料 品质好的开关大多使用防弹胶等高级材料制成，防火性能、防潮性能、防撞击性能等都较高，表面光滑。

2. 看力度 开关拨动的手感轻巧而不紧涩，插座的插孔需装有保护门，插头插拔应需要一定的力度并且单脚无法插入。

3. 看铜片 铜片是开关插座最重要的部分，应具有相当的重量。在购买时可掂量一下单个开关插座，如果手感较轻则可能是合金的或者薄的铜片，那么品质就很难保证。

4. 看品牌 知名品牌会向业主进行有效承诺，如"质保 12年""可连续开关 10 000 次"等，所以建议业主购买知名品牌的开关插座。

5. 看标识 注意开关、插座的底座上的标识。例如，国家强制性产品认证（CCC）、额定电流电压值，产品生产型号、日期等。

施工小贴士

CONSTRUCTION TIPS

① **安装前的开关、插座清理：** 用錾子轻轻地将盒子内残存的灰块剔掉，同时将其他杂物一并清出盒外，再用湿布将盒内灰尘擦净。如果导线上有污物也应一起清理干净。

② **安装时的开关、插座接线：** 先将开关盒内连出的导线留出维修长度（15~20 cm），再削去绝缘层，注意不要碰伤线芯。如开关、插座内为接线柱，将线芯导线按顺时针方向盘绕在开关、插座对应的接线柱上，然后旋紧压头；如开关、插座内为接线端子，将线芯折回头插入接线端子内（孔径允许压双线时），再用顶丝将其压紧，注意线芯不得外露。

③ **开关、插座通电试运行：** 开关和插座安装完毕，送电试运行前应再摇测一次线路的绝缘电阻并做好记录。各支路的绝缘电阻摇测合格后即可通电试运行，通电后仔细检查和巡视，检查漏电开关是否掉闸，插座接线是否正确。检查插座时，最好用验电器逐个检查。如有问题应断电后及时进行修复，并做好记录。

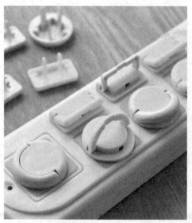

带有儿童防护盖的安全插座

防触电的安全开关

开关安装规定	插座安装规定
① 拉线开关距地面的高度一般为 2～3 m，距门口为 1.5～2 m；且拉线的出口应向下，并列安装的拉线开关相邻间距不应小于 20 mm； ② 翘板开关距地面的高度为 1.4 m，距门口 1.5~2 m，开关不得置于单扇门后； ③ 成排安装的开关高度应一致，高低差不大于 2 mm	① 在儿童活动场所应采用安全插座，采用普通插座时，其安装高度不应低于 1.8 m； ② 同一室内安装的插座高低差不应大于 5 mm，成排安装的插座高低差不应大于 2 mm

暗装开关、插座	明装开关、插座
① 按接线要求，将开关盒内连出的导线与开关、插座的面板连接好； ② 将开关或插座推入盒内（如果盒子较深，应加装套盒），对正盒眼，用螺钉固定牢固； ③ 固定时要使面板端正，并与墙面平齐，面板安装孔上有装饰帽的应一并装好	① 先将从开关盒内连出的导线由塑料（木）台的出线孔中穿出，再将塑料（木）台紧贴于墙面用螺钉固定在盒子或木砖上； ② 如果是明配线，木台上的隐线槽应先右对导线方向，再用螺钉固定牢固； ③ 塑料（木）台固定后，将甩出的相线、中性线、保护地线按各自的位置从开关、插座的线孔中穿出，按接线要求将导线压牢； ④ 将开关或插座贴于塑料（木）台上，对中找正，用木螺钉固定牢，最后再把开关、插座的盖板上好

五孔插座适合在公共区及厨房，建议多装几个

五孔插座有两种类型，一种是正常的五孔插座，即两孔和三孔成上下垂直或左右水平布置，另一种是错位插座，双控和三孔位置错开，适合插头较大的电器使用。

业主自购材料选购流程表

购买时间	购买材料	分阶段购买原因
装修前期（开工前或开工1~10天）	橱柜	一旦装修进驻就需要改水和电，这时需要橱柜设计师根据橱柜的位置进行水电定位。否则后期很容易出现水管超过了台面，水管露在橱柜外等问题
	厨具	橱柜设计师要确定放置的电器、抽油烟机型号，水槽、燃气灶的开孔尺寸等，这些都要提前确定好，测量完下单后将无法更改
	水管电线	水管电线属于基础工程，开工就要使用，所以需要提前购买备用
	瓷砖	一般水电改造完就需要铺墙地砖了，所以一旦确定房屋的户型结构不会改变后，就可以提前预订瓷砖，甚至可以具体到瓷砖型号
	窗	阳台是需要粘贴地砖与墙砖的，这就需要在泥瓦工施工前将窗安装好，以不妨碍后期的瓷砖的施工进度
装修中期（开工后10~40天）	吊顶材料	墙砖贴完后就要安装吊顶，因此吊顶材料需要在施工中期购买。一般贴完厨、卫墙砖的当天就可以给扣板厂家打电话约定上门量尺的时间
	装饰板材	一般贴完墙地砖后就可安排木工进场了，而木工进场就要用到各种装饰板材，因此装饰板材需要在施工中期购买
	涂料	在装修过程中，难免会遇到设计方案更改的情况。因此在装修效果敲定后，根据施工进程购买涂料，就不会因变更方案而造成材料浪费
	石材	业主自购的石材常用于墙面主题墙或者是门窗套等部位，这些主题墙在泥工进场，也就是开工后的第8～15天就需要用到
	地板	地板铺装虽然在后期，但需要在中期选购。因为有的地板款式需要提前预定。如果厨卫铺瓷砖，客厅和卧室铺地板的话，还需要考虑地板找平问题
	门	套装门的制作周期一般都在半个月左右。所以门类的安装是在后期进行，但不得不在装修的中期购买，方便后期安装
	洁具	卫浴洁具需要工人师傅的安装及划定卫生间的使用范围。如淋浴房需要提前定制，因其制作安装有一定的周期，所以需在中期提前预定
装修后期（开工后40~60天）	壁纸	壁纸不像套装门一样需要很长的定制周期，所以当施工中需要粘贴壁纸时，只要提前三到四天购买就来得及
	装饰玻璃	装饰玻璃比较易碎，尤其在混乱的施工现场，保护不当就会发生玻璃破碎的情况。而且施工可根据具体要求预留出装饰玻璃的安装位置，因此不需提前购买
	开关插座	开关插座的安装需要在墙面乳胶漆滚涂或壁纸粘贴之后进行，因此按照施工程序的要求，决定了开关插座最好在后期进行购买
	五金件	五金件的安装需要在室内的施工基本结束时，才进行安装，所以不需提前购买
	灯具	因为灯具怕磕碰，决定了其安装需要在室内的墙漆滚涂、壁纸粘贴及地板铺装好之后进行
	家具	家具属于软装类，与房屋中的硬装没多大关系，不用考虑家具的购买是否影响施工进度
	布艺织物	布艺织物属于家居中的软装饰类，是家庭装修完成、大件家具进场后才进场的材料